贾东　主编　建筑设计·教学实录　系列丛书

方法与表达·规划快题设计

王　卉　李　婧　编著

中国建筑工业出版社

图书在版编目（CIP）数据

方法与表达·规划快题设计 / 王卉，李婧编著. — 北京：中国建筑工业出版社，2018.12
（建筑设计·教学实录 系列丛书 / 贾东主编）
ISBN 978-7-112-23136-2

Ⅰ. ①方…　Ⅱ. ①王…②李…　Ⅲ. ①城市规划 — 教学研究 — 高等学校　Ⅳ. ① TU984

中国版本图书馆CIP数据核字（2018）第299866号

本书主要通过教学案例阐述城市规划快题设计的特点、学习方法和设计技巧。全书共分为四章，第1章是对规划快题设计的概念、要求、主要类型、特点等进行总体性的概述；第2章主要阐述规划快题设计的练习方法和设计过程，包括必备的规划知识、审题和方案构思的技巧、规划结构的主要形式、总平面和分析图的主要内容等；第3章是对规划快题设计的表现方法和表达技巧的论述，包括常用的表达工具、总平面图的表达技巧、效果图和分析图等图纸的表达技巧等。第4章是规划快题设计作品的案例评析，综合规划类型和规划特点分为校园规划、城市中心区规划、工业园区规划、旧城更新规划、滨水地区规划等内容。本书适用于规划设计及相关专业在校师生阅读使用。

责任编辑：唐　旭　张　华
责任校对：李欣慰

贾东主编　建筑设计·教学实录　系列丛书

方法与表达·规划快题设计

王卉　李婧　编著
＊
中国建筑工业出版社出版、发行（北京海淀三里河路9号）
各地新华书店、建筑书店经销
北京点击世代文化传媒有限公司制版
北京中科印刷有限公司印刷
＊
开本：787×1092毫米　1/16　印张：8¼　字数：156千字
2019年3月第一版　2019年3月第一次印刷
定价：48.00元
ISBN 978-7-112-23136-2
（33225）

版权所有　翻印必究
如有印装质量问题，可寄本社退换
（邮政编码 100037）

前 言 | PREFACE

　　城市规划快题设计是城市规划专业学习的一项重要内容，它要求设计者在非常短暂的时间内，根据既定的规划条件独立、快速地形成设计构思，并将设计内容完整地表达出来。规划快题设计能够考量和检验设计师的设计能力和知识掌握程度，因此也成为研究生入学考试和求职就业的主要考核方式。快题设计与常规的规划设计不同，能在快题考试中取得良好的成绩不仅凭借设计者自身的设计能力和规划素养，更依赖于大量有针对性、系统性的积累和练习。

　　本书主要通过教学案例阐述城市规划快题设计的特点、学习方法和设计技巧。全书共分为四章，第1章是对规划快题设计的概念、要求、主要类型、特点等进行总体性的概述；第2章主要阐述规划快题设计的练习方法和设计过程，包括必备的规划知识、审题和方案构思的技巧、规划结构的主要形式、总平面和分析图的主要内容等；第3章是对规划快题设计的表现方法和表达技巧的论述，包括常用的表达工具、总平面图的表达技巧、效果图和分析图等图纸的表达技巧等。第4章是规划快题设计作品的案例评析，综合规划类型和规划特点分为校园规划、城市中心区规划、工业园区规划、旧城更新规划、滨水地区规划等内容。

　　本书阐述的教学案例主要为北方工业大学城乡规划专业的学生作品。城市规划快题设计是规划设计学习的必备内容，多方面、多层次贯穿城市规划教学的全过程，包括配合设计课程的手绘练习和快题训练、针对高年级同学的考研快题辅导、定期举办的规划快题竞赛和手绘大赛等。

　　感谢北方工业大学建筑与艺术学院贾东教授在本书写作过程中给予的指导和帮助。感谢杨东、李小康、吴干一、刘梦圆、赵威等同学提供的设计案例。

目 录 | CONTENTS

第1章 | 规划快题设计的内容与特点

1.1 规划快题设计的内容

1.1.1 规划快题设计的概念

快题设计是城市规划专业学习的一项重要内容，它要求设计者在相对短暂的时间内，根据任务书提供的规划条件快速形成设计构思并完整地将其表达出来。快题设计一方面需要设计者在指定的时间内、根据既定的设计要求分析问题、解决问题。另一方面作为一种设计的快速表达方式，还需要设计者在有限的时间内，将设计构思和内容表现出来，形成一套完整的设计图纸。

城市规划设计是一项综合性设计，需要综合运用各种知识和技能解决城市问题，设计内容则涉及功能、道路、景观等多个层面。因此，规划快题设计非常能够考量和体现设计师的逻辑思维水平和规划设计能力。同时，快题设计需要设计者在没有参考资料的前提下独立完成，也非常能够考量设计者的知识掌握程度。

1.1.2 规划快题设计的要求

1.注重对规划基础知识和必备知识的考查，需要设计者在理解设计任务书的基础上，表现出对各知识点的掌握能力。

2.能够对规划地段进行深入分析，包括基地周边的用地功能、道路、环境和基地内部的现状，因地制宜地提出设计思路。

3.根据设计任务书的要求及地段分析提出合理的功能布局、高效的道路交通体系，塑造富有特色的空间形态。

4.设计能够满足相关的技术规范。

5.能够完整地表达设计成果，包括总平面图、分析图、鸟瞰图等，图纸表达符合制图规范，并有美观的图面效果。

1.1.3 规划快题设计的用途

快题设计主要用于两个方面：

1.规划快题设计是一种考试形式，它能够快速考察设计者的逻辑思维能力、综合解决问题的能力和表达能力，因此是研究生入学考试或求职就业的主要考核方式。在这样的情况下，设计者首先应注意到这是一种考试，应以应试的态度谨慎对待，在日常学习中也应加强有针对性的练习。同时在考试中，以完成整套设计成果为准则。

2. 在日常的学习和工作中，快速设计也常用于草图阶段。快速地思考和快速地表达是设计者寻找设计灵感、构思、推敲方案的方法之一。

1.1.4　规划快题设计的主要类型

1. 按照设计的时间划分，规划快题设计包括 1 周快题、2 天快题、8 小时快题、6 小时快题、4 小时快题等。其中，6 小时快题比较常见，其有充分的时间对一定面积的用地进行完整的设计，又不会让设计者感到过于劳累。

2. 按照规划的层次划分，城市规划的内容包括概念性规划、总体规划、控制性详细规划、修建性详细规划等。由于快题设计的工作时间有限，因此多以一定面积内的详细规划为主，主要任务是在规划用地范围内，根据任务书要求对用地进行功能性规划，包括组织道路与交通系统、对具体的土地用途进行安排、营造建筑群体空间形态、塑造优美的景观环境。图纸主要包括总平面图、规划结构与功能分析图、道路系统分析图、绿化景观分析图、鸟瞰图、效果图及详细设计等。其中，总平面图是快题设计的最主要内容。目前，也有部分院校或设计单位要求进行较大面积的总体规划，内容主要为在判断城市性质、发展目标、人口规模的基础上进行土地利用规划，包括划分功能分区、规划道路体系等。

3. 从具体的规划类型划分，规划快题设计可分为居住区规划、城市中心地区或重点地段规划、校园规划、城市更新或历史街区保护更新规划、产业园区规划等（图 1-1）。

（1）居住区规划

居住区是城市规划最基础的规划对象，住宅的规划与布局、居住配套设施的安排等也是城市规划的基础知识，因此居住区规划也是快题设计的基本类型，在很多快题设计中都会涉及居住区规划的知识。居住区规划一般以两种形式出现，一种是单纯的大型居住区规划计，这种规划在用地功能和建筑类型上相对比较简单，建筑功能主要是以住宅为主，包括其他必要的公共服务设施（图 1-2）。其主要考察点在于是否熟悉居住区规划的基本要求；熟悉并应用居住区设计规范；要求按照居住人口合理确定居住区—小区—组团的规划结构；安排道路体系，布置路网和出入口；有效布置停车；测算指标选择正确的户型和住宅形式；按照日照、通风等要求对住宅进行合理布局，并形成富有特色的空间形态；根据人口和指标要求配建各种类型的公共服务设施，选择合适的位置和规模；进行绿化和

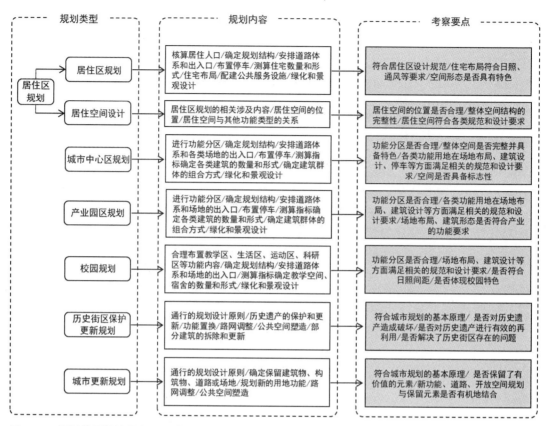

图 1-1 规划快题设计的类型和特点

景观设计，营造宜人的居住环境。另一种类型是将居住区规划的相关内容与其他设计类型相结合，在一些综合性设计题目如城市中心地区规划、产业园区规划、大学校园规划中包含居住空间设计的内容（图 1-3）。这样的快题设计往往包含多种功能类型如商业、教育、文化、产业等，所以设计者首先应该根据任务书的要求合理划分功能分区，在整个规划地段内将居住功能置于合适的区位，在此基础上再按照居住区规划的相关知识进行设计。此外，在整体的道路体系、空间形态方面还应注意将居住区与其他功能类型统筹考虑，使整个规划地区在空间形态呈现出一种整体性。

（2）城市中心区规划

城市中心地区或重点地段规划是一种综合性的设计题目，通常包括多种功能，如居住、商业、文化、娱乐、绿地、广场、市政设施或公共交通设施等。由于这种设计类型具有一定的复杂性，能够全面考察设计者的规划知识和处理不同功能用地的能力，因此是目前快题考试中最常出现的一种设计类型，具有一定的难度。

此类题目的设计要点：①根据任务书要求及对规划地段外部条件、内部条件

图 1-2　居住区规划

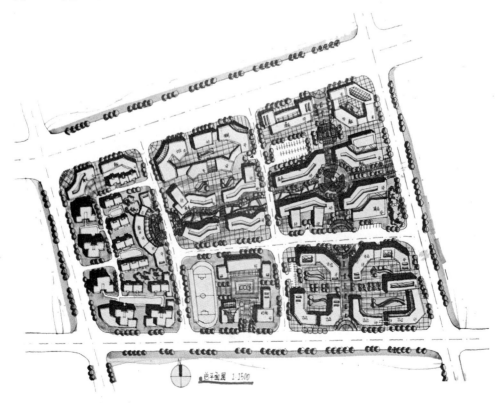

图 1-3　居住空间设计

的全面分析，确定功能分区，将各个功能置于合适的区位，并合理高效组织交通体系。②不同的功能用地具有不同的设计要求，包括场地布局、单体建筑体量、建筑群体组合方式、停车要求等，并呈现不同的空间形态，因此在设计中应能体现不同类型功能的设计差异（图1-4）。③在满足不同类型的功能要求和特点的前提下，还应将规划地段作为一个整体来对待，在规划结构、道路体系、空间组织、绿地景观等方面形成统一、稳定的规划结构（图1-5）。④这些地段往往在城市或地区中位于核心地段，具有标志性的地位，因此，在建筑的选型上还应注意重点建筑的形态特征，是否能形成城市或地区地标性建筑。

在具体功能的规划设计上，还应注意以下几点：①商业服务业用地以各种类型的零售行业和服务业、娱乐业为主，应注意不同类型的商业建筑的选择，如商业综合体或商业街区应有不同的空间形态（图1-6）。同时商业地段人流密集，应合理安排停车和人流疏散。②商务办公区需要根据规模要求合理确定建筑高度，多层办公建筑和高层办公建筑的整体空间布局形态也具有差异性。同时办公区还需要考虑酒店建筑的布局和设计。③文化中心主要以各种大型的文化类建筑为主，包括博物馆、文化馆、剧院等，这些建筑由于观演或展览功能的需求，一般建筑体量都比较大，因此要合理选择建筑尺度。同时，大型文化类建筑容易造成大量人流汇集，因此要注意建筑应距离道路有合理的后退，散场地的安排和组织也是设计的重点。

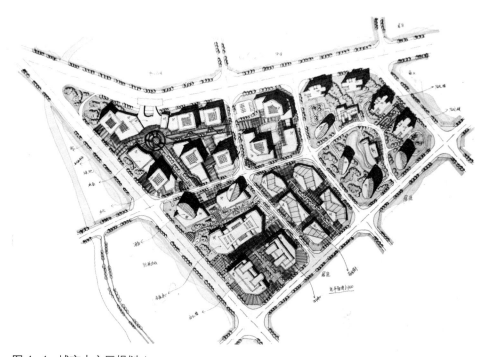

图1-4 城市中心区规划1

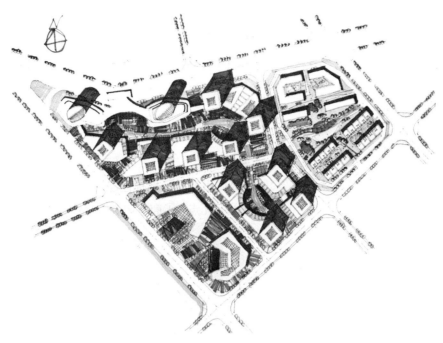

图 1-5 城市中心区规划 2

图 1-6 商业街规划

（3）产业园区规划

产业园区规划也是综合性较强的题目，往往包含科技研发、生产、住宿、商业服务等功能，这种类型的题目要注意考虑不同产业的功能要求和生产流程，进行合理的功能分区（图 1-7）。

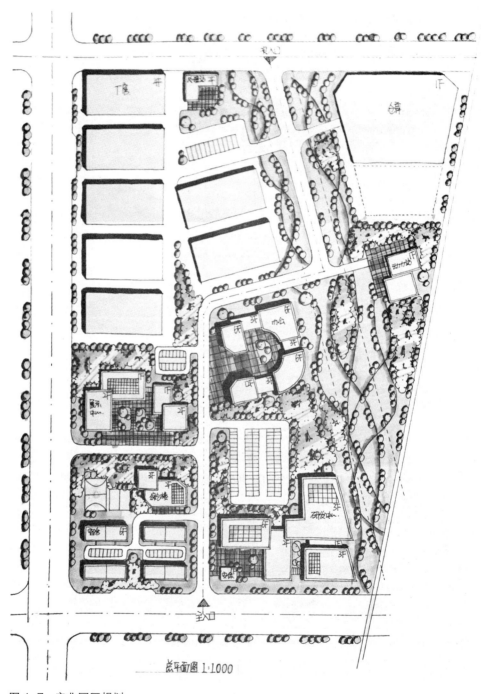

图 1-7　产业园区规划

（4）校园规划

校园规划涉及小学校园、中学校园、大学校园规划等，其中大学校园功能相对复杂，如教学、科研、体育运动、学生住宿、商业服务、教职工住宿等，在设计中应合理安排校园各功能分区，包括教学区、生活区、运动区、科研区等，同时注意建筑形式和空间组合方式体现校园建筑的特点，并满足日照等功能要求（图1-8）。

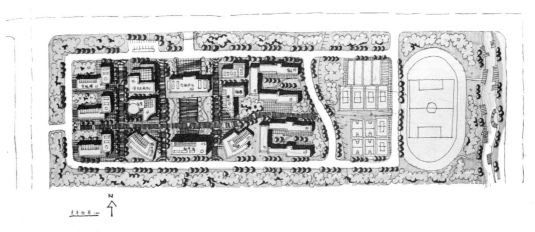

图1-8 校园规划

（5）历史街区保护更新规划

历史街区保护更新规划也是一种重要的规划类型，历史街区是具备一定历史风貌和大量历史遗存的地区，在这样的地区进行规划不仅要遵循常规的规划设计原则，更需要有一定的历史遗产保护的知识。其设计的重点是在保护和延续历史街区原有的历史价值和艺术价值的基础上，解决街区存在的问题，进行一定程度上的功能置换、路网调整、建筑部分的拆除和更新。由于历史街区的保护更新规划对设计师的限制性很大，不可能进行大规模的改造，而且需要对历史街区进行全面深入的现状调查，因此在快题考试中往往不进行纯粹的保护更新规划，而是侧重对相关知识的考察，在题目中以多种形式出现。如规划地段位于历史街区周边，设计应在功能分区、空间形态塑造等方面尊重历史环境（图1-9）；或者规划地段内包含一定面积的历史街区，这时需要综合街区的功能统筹安排整个规划地段的功能分区，在空间形态的塑造方面临近历史街区的地区和远离历史街区的地区应进行差异性对待。历史街区内部往往进行小规模的、局部式的更新改造，大规模的建设集中在历史街区以外的地区。

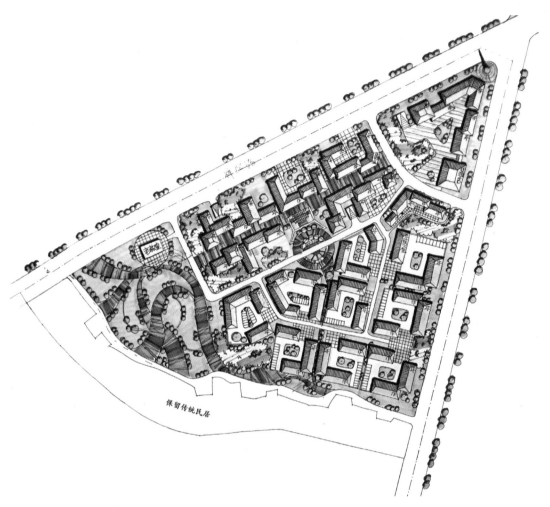

图 1-9 历史街区周边地区规划

（6）城市更新规划

一般地区的城市更新与历史街区保护更新规划不完全相同，保护更新规划更注重保护街区的历史价值，一般地区的城市更新是在城市旧城区内进行一定程度的更新改造，改造地区的原有建筑在历史性和艺术性方面远低于历史街区，更新程度也较大，如何对待这些建筑需要设计者进行综合考量（图 1-10）。

1.1.5 规划快题设计的程序

快题设计需要在一定的时间内完成构思—设计—绘图的全过程，因此设计者在考试时一定要注意合理、高效地安排时间，并在分配的时间内尽量完成相

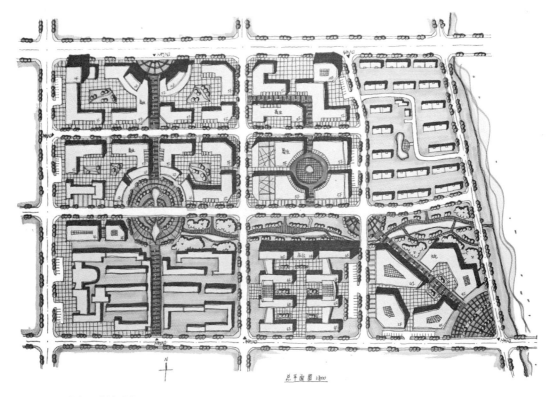

图 1-10　城市更新规划

应的工作，即使不十分满意也要向下一程序进行，否则很容易完不成设计。在有限时间内，设计者还要把握主次，重点的内容包括总平面图、效果图应拿出一定的时间进行详细刻画。

以 6 小时快题为例，快题设计的程序和步骤可分为以下几个层次：

1. 审题（20 分钟）。

仔细研读任务书，包括题目、文字说明、地形图、指标等，明确考试的内容，提炼出重点考核的考点。

2. 方案构思和草图（40 分钟）。

根据任务书要求进行构思，在草图纸上勾勒方案，包括规划结构、功能分区、道路体系等；初步核算指标，确定各种类型的建筑建设量；进行多方案比较，特别注意对任务书中提到的考点进行重点对待，在设计中有所体现。

3. 绘制总平面图（3 小时）。

在确定整体规划结构的基础上进行总平面图的绘制。首先，大致确定整体的排版和总平面图的位置，然后按照任务书的比例要求进行放线，画出用地边界、周边道路及环境。其次，确定道路体系，画出主要道路并明确各功能分区。第三，在控制大体的功能区位的基础上，根据指标要求选择合适的建筑体量和形态，布置建筑群，此时应注意居住建筑要符合日照间距；布置每个功能分区内部的道路和场地。最后，进行细部设计，完善总平面图。总平面图一般都需要上色，此部分内容需要半小时至 1 小时左右的时间，包括用不同颜色区分建筑、场地、绿化、水系，画出建筑阴影等。

4. 绘制效果图（1 小时）。

首先，选择合适的视角绘制透视图或鸟瞰图；其次，用铅笔和钢笔完成线稿；最后，上色和刻画细节。

5. 绘制分析图（30 分钟）。

分析图包括规划结构分析图、功能分区分析图、绿化景观分析图，同时还可绘制规划构思分析图、区位分析图和场地现状分析图等。

6. 撰写文字、计算经济技术指标、完善图纸（30 分钟）。

此外，如果任务书要求绘制沿街立面、进行节点详细设计的话，则需要相应减少总平面图或效果图的绘制时间。

1.2 规划快题设计的特点

快题设计要求在短时间内完成一个规划设计成果，这使之不同于常规的规划设计。了解快题设计的特点，有助于设计者有的放矢，在考试中取得良好的成绩。实际上，虽然快题设计能够反映设计者的综合知识水平，但不等于平时设计优秀的学生就一定能在快题考试中取得好成绩，针对快题设计的特点进行有针对性的积累和练习至关重要。

1.2.1 快速性

规划快题设计的一个重要特点就是快速性，即需要设计者在短暂的时间内进行快速的构思和表达。如何在短时间内将自己的设计能力和特点展现出来，需要设计者注意以下几个方面：①合理地分配时间，保证每个时间段完成相应的内容，懂得取舍。任何设计不可能尽善尽美，在快题设计中更应该以"完成"为第一要务，在完成的基础上再追求更好。②在快题设计中以展现自己的设计能力和绘图水平为准，善于根据不同的规划地段和任务书要求，灵活运用自己习惯并常使用的设计手法，注重基本规划素养的展现。不要在快题考试中试图创新，挑战自己不熟悉或把握不好的设计方法和表现方法。③在快题考试中能否取得优异的成绩在于日常的学习和积累，包括积累常用的空间形态组合方式、熟悉各种建筑类型的体量和尺度、练习应对各种地形或场地、掌握各种规划要素的表现手法等，而且这些学习和积累都应是有针对性的。

1.2.2　完整性

快题设计虽然强调速度，但快速并不等于粗糙，整个快题设计的成果应该是完整和规范的。完整性包括：①设计成果是完整的，所有的规划图纸都应齐备。②规划内容是完整的，包括分析用地周边条件，形成规划结构，进行建筑群体空间布局、核算经济技术指标等。③表达内容完整，如总平面图应该详细表达所有的内容，包括用地边界、周边道路和环境、道路形式、公共空间、建筑轮廓线和屋顶形式、场地和建筑的主要出入口等。

1.2.3　针对性

作为一种考试形式，快题设计的任务书和地形图中往往隐含了大量的信息，这些信息是出题者希望得到应试者解答的考点，良好地反馈这些信息有助于设计者取得好成绩。因此，审题是重要的环节，设计者应以应试的态度仔细研读题目，有针对性地综合各个考点提出规划方案。如当设计地段为异形场地时，应该注意建筑的摆放和组合方式如何顺应地形，既满足功能需求又要与地形相呼应。如场地内部具有一些保留要素如建筑、树木、水面时，应将这些要素融入设计中，新建建筑要协调与保留建筑的功能和空间关系；保留树木应融入绿化景观体系的设计中；水面不仅要考虑滨水环境设计，还要考虑建筑朝向如何与水面形成良好的景观关系。

1.2.4　表现性

能否将设计内容完整、美观地表达出来是规划设计者的一个重要能力，这种能力在快题设计中显得更为重要。一方面由于时间短暂，美观的表达能够提升设计效果；另一方面快题设计的评分与日常设计课的评分不同，应试者数量多，评阅者时间有限，不可能对每个设计都详细研读，因此表现好的图纸能够在短时间内有效地吸引评阅者的注意。

表现性主要体现在两个层面：一是规划方案本身的表现性，其体现在城市空间设计能力的展现，规划方案能呈现出优美的空间形态。这里注意的是在方案设计时，设计者最好选择易于表现的空间形态，如对称、轴线等设计手法既能体现空间效果，也便于绘制。而过于复杂的曲线则不适合在快题中运用。二是图纸的表现能力，包括整体的构图和图面效果，熟练、流畅的钢笔线条，和谐的色彩搭配和表现力等。此外，制图是否规范也是图纸表现性的一个很重要的因素，任何图纸都必须进行规范性的表达，并不应疏忽任何一个细节，包括各种字体的大小和位置，指北针、比例尺等的标注等。

第2章 | 规划快题设计的过程与方法

2.1 积累与储备

2.1.1 练习方法

当快题设计作为研究生入学考试和求职考试的重要手段时，如何取得良好的成绩不单单凭借自身的能力和修养，更应该进行有针对性、长时间的积累与储备。设计者需要系统地复习专业基础知识，掌握不同类型规划设计的特点，能够熟记常用的设计规范，加强徒手表达的练习等，快题最终是这些日常积累的成果性展现。

1. 要进行大量的、有针对性的练习。一是针对各种规划类型进行练习，包括居住区规划、城市中心地区规划、校园规划、商业区规划等，掌握各种规划类型的结构体系、功能特点、对道路系统的要求、相关的设计规范、建筑单体的平面形式、建筑尺度、空间布局的特点等。二是针对不同地域、地形、场地条件、用地规模下的规划设计进行练习，如南方和北方地区需要在日照、景观规划、建筑形态等方面有所区分；山地地区要注意地形的坡度、坡向等对功能布局的影响；城市旧城更新和历史街区保护更新规划等项目需要对场地内现有的建筑、道路、空间肌理进行分析，并提出保护策略，在此基础上再结合新的功能、新的建设进行整体性设计；不同的场地形状如长方形、梯形、三角形、异形等也应对整体的空间形态有所要求（图2-1）。三是要练习和积累多种常用的塑造城市空间形态的方法，能够灵活运用对称、轴线、韵律、向心等多种设计手段。最后是综合性练习，将各种规划类型和场地、地域条件等进行交叉性模拟训练，使自己在考试时面对任何设计条件都能灵活应对（图2-2）。

2. 日常练习可采用循序渐进式的方法，先不急于在6小时或8小时内完成全部设计内容，主要先进行基本功的训练。在有扎实的基本功的基础上再逐步限定时间，减少设计和绘图时间。最后在熟练掌握之后进行考试模拟，在短时间内完成从设计到表现的全过程。

3. 在日常的学习中多收集、积累、记忆优秀的设计方案，学习经典的城市形态和优秀设计师的作品，在学习中积累素材，但要注意不能盲目地背诵万能平面。

4. 手绘和表达能力的训练。

在规划快题设计中，手绘表达非常重要，图面效果直接影响最终的成绩。

手绘表达需要长时期练习，包括线条的绘制；建筑、道路、铺装、广场和绿化的表达形式；各种角度透视图的画法、色彩的选择和搭配等。

图 2-1 异形场地的设计方法

  该设计方案充分结合异形场地的特点，沿场地外围，以平行和垂直周边道路的方式布置建筑物，城市景观规整、有序。场地内部形成梯形公共空间，配合广场、水体和文化类建筑作为整个场地的中心节点。

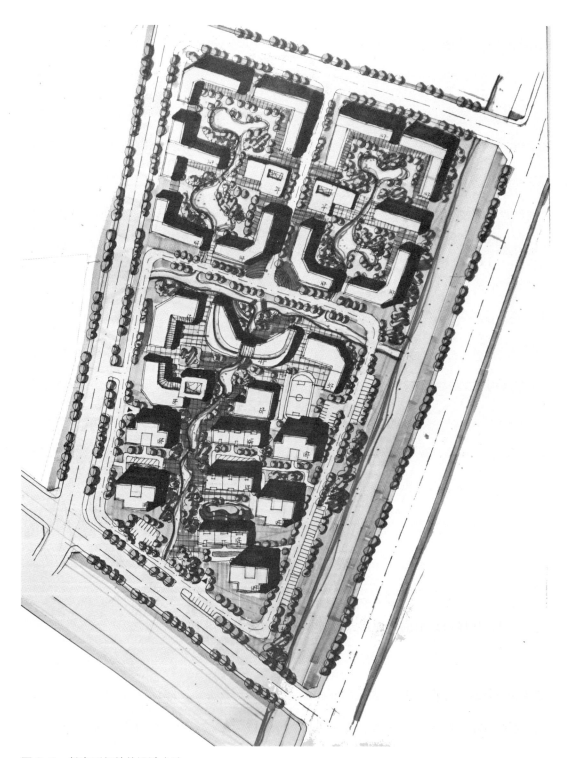

图 2-2 长方形场地的设计方法
　　该设计方案结合长方形场地以轴线式结构布置建筑物，场地南侧居住建筑适当倾斜以形成良好的日照条件。

2.1.2 常用知识

准备快题设计时必备的知识包括：各种建筑的设计要求；各种常见建筑类型的平面尺寸及画法；道路交通知识要点；各种道路断面的尺寸；常见规划类型的设计要点；各种空间组成方式及画法；各种类型的场地的画法；各种体育设施的尺寸；各种植物的画法；各种分析图图解语言的画法；常用效果图的画法；各种字体的写法；指北针、比例尺的画法。

1. 常见建筑的设计要求

建筑是构成城市的基本要素，规划也是由不同类型的建筑及建筑群构成的，日常学习中中应关注：

不同的规划类型涉及哪几种建筑类型，如居住区中主要的建筑类型是住宅、幼儿园、中学、小型商业设施、文化站等；城市中心地区规划中各种规模的商业设施、办公楼、酒店是常出现的建筑类型；校园规划中常用的建筑有教学楼、图书馆、办公楼、体育馆、宿舍等。

这些建筑类型有哪些设计要求，建筑的尺度和形态如何，建筑与建筑之间有哪些组合方式，哪种空间形态更容易体现功能特征。

（1）建筑单体的形态与尺度（图 2-3 ～图 2-7）

①住宅

居住区规划需要根据任务书的要求和容积率来选择住宅形式。住宅按照层数一般分为低层住宅、多层住宅和高层住宅。低层住宅为 1 ～ 3 层，一般分为独栋住宅、双拼、联拼几种，一般在别墅区出现。历史性街区也主要以低层的合院式住宅为主，在这样的地区中，住宅设计不仅要考虑层数，还要在建筑形态方面与传统住宅相协调。快题设计中常出现的是多层住宅和高层住宅，其中多层住宅是 4 ～ 6 层，以多个单元拼接而成，一个单元往往为一梯两户或一梯三户，建筑整体呈矩形的平面形式。总平面图表达时用矩形表示住宅，并可在屋顶画出楼梯间位置或分户线。高层住宅以电梯和楼梯组织共同垂直交通，一个单元为一梯多户。高层住宅分为点式和板式，点式高层一般仅有一个单元，一梯内户数较多，体形比较灵活，朝向多，一些户型不保障南向，一般适用于南方地区。板式高层由多个单元拼接而成，一梯内户数相对少，平面形式与多层住宅相似，通常也简化为矩形，但平面尺度要大。

②中小学和幼儿园

居住区规划往往需要配置中小学或幼儿园，这类建筑应注意选址在安全、有充足光线、空气流通的地方，场地的主入口避免设置在城市主干道一侧，同

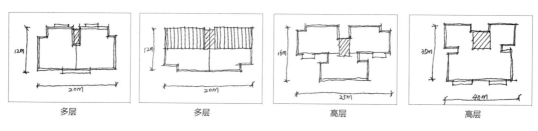

图 2-3 住宅平面示意图

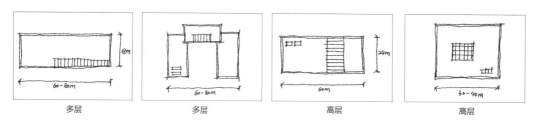

图 2-4 办公建筑平面示意图

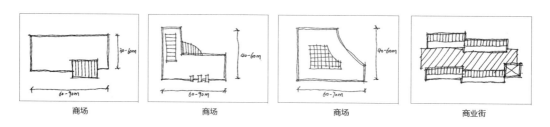

图 2-5 商业建筑平面示意图

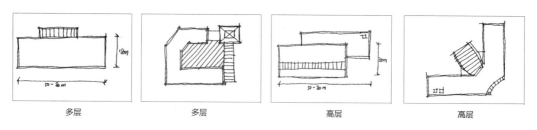

图 2-6 旅馆建筑平面示意图

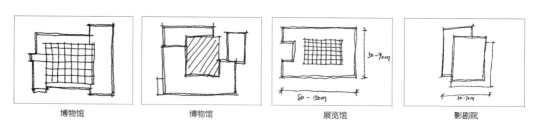

图 2-7 文化类建筑平面示意图

时还需要考虑服务半径。总平面设计要考虑运动场地或活动场地的安排。

③小型公共建筑

居住区规划需要根据居住人口来配置文化、商业、医疗等公共设施，这些一般都属于小型的公共建筑，在设计时要选择合适的区位，综合选择独立布置或混合布置。另一方面，类似社区中心这样的建筑往往是居民的活动中心和重要的公共空间，建筑形态可以更加丰富，结合整个居住区的规划结构和景观系统，将其作为规划节点。

④大型公共建筑

大型公共建筑包括商业、办公、酒店、文化设施、体育设施等，是快题中常出现的建筑类型。这些建筑由于功能复杂，引起的交通流量多，容易聚集人流，因此，在设计中应合理处理进行平面布局，处理与周围环境的关系。

同时，在总平面设计时注意交通疏散的要求，相关规定包括：基地至少有一面直接近邻城市道路；基地沿城市道路的长度应按照建筑规模或疏散人数确定，并至少不小于基地周长的 1/6；基地至少有两个或两个以上不同方向通常城市道路出口；基地或建筑的主要出入口不得和快速道路直接连接，也不得直接面向城市主要干道的交叉口；建筑主要出入口前应有集散场地。

此外，不同的建筑类型还有不同的设计要求。如办公建筑分为多层（建筑高度 24 米以下）、高层（24 ~ 100 米）、超高层（超过 100 米）几种。低层和多层办公楼平面组合一般为矩形或矩形的混合体，进深 10 ~ 25 米。高层办公楼分为点式和板式两种，由于高层办公楼需要以电梯和楼梯共同组织垂直空间，因此交通面积较大，标准层面积不宜过小，1000 ~ 2000 平方米之间比较理想。办公楼也可以与商业建筑相结合，商业建筑以裙房的形式出现。商业建筑的类型多样，一般综合性的商场以多层为主，平面尺度较大，内部往往由中庭来组织空间。商业街也是常见的表达形式，以 2 ~ 3 层的小型店铺拼接组合成街巷的形式。商业街的设计要注意两侧商业建筑与街道的空间比例，既不能过于狭小显得局促，又不能过于空旷影响逛街的流线。此外，街巷本身的组织也是商业街设计的要点，包括合理安排商业街的出入口、合理引导商业街内部的人行流线、精心考虑商业街的节点和景观设计等。

旅馆类建筑的形式丰富多样，在城市中心地区一般采用集中式布局，在风景区或历史街区，可以采用分散式布局。场地设计要结合旅馆的功能，特别要注意主入口大堂客人的行车流线。

博物馆、图书馆、剧院等大型文化类建筑往往是城市或地区的标志性建筑，因此，其选址设计应统筹整个地区的规划结构和景观体系（图 2-8）。

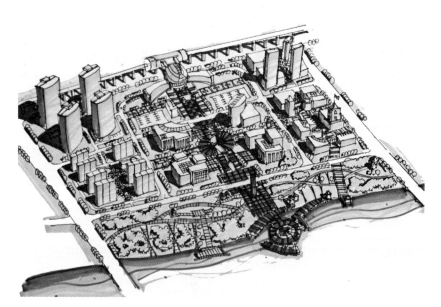

图 2-8 大型公共建筑对空间形态的塑造

　　该设计方案在城市中心地区规划中采用轴线式的布局方式，中央景观轴线两侧布置大型文化类建筑，作为整个地区的标志性建筑。

（2）建筑群体空间布局的方式

在规划设计中，建筑群体的空间布局是非常重要的内容，它不仅涉及整个地区功能能否正常运转，还是地区特色的体现。在设计中处理建筑与建筑之间的空间关系可注意以下几点：①建筑之间的间距受日照、通风、防火、卫生、隐私、交通等多方面影响，特别在日照和防火方面要满足相关的技术规范（表 2-1、表 2-2）。②建筑群体常见的布局方式有行列式、围合式、对称式、放射式、混

北京地区建筑间距系数　　　　　　　　　　　　　表 2-1

板式居住建筑的间距系数

建筑朝向与正南夹角	0°~20°	20°以上~60°	60°以上
新建区	1.7	1.4	1.5
改建区	1.6	1.4	1.5

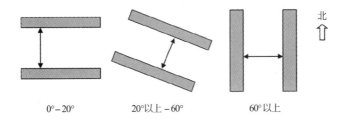

0°~20°　　　　　20°以上~60°　　　　　60°以上

多栋塔式居住建筑的间距系数

遮挡阳光建筑群的长高比	1.0 以下	1.0~2.0	2.0 以上~2.5	2.5 以上
新建区	1.0	1.2	1.5	1.7
改建区	1.0	1.2	1.5	1.6

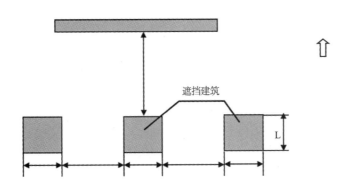

中小学教室、托儿所和幼儿园的活动室、医疗病房建筑的间距系数

建筑朝向与正南夹角	0°~20°	20°以上~60°	60°以上
建筑间距系数	1.9	1.6	1.8

（资料来源：《北京地区建设工程规划设计通则》）

合式等，每种布局方式都有自己的优点和缺陷，因此应该了解各种布局形式的特点、适用的地区和条件，在满足技术合理性的基础上再考虑空间美观的问题（图2-9）。③不同的功能类型对建筑群体布局有不同的影响，如低密度居住区和高密度居住区、居住区和办公区的布局方式便不同，因此在设计时应能体现各分区的特色，不能简单以一种布局方式用于各功能地区。④在基本布局方式的基础上，可以根据地形和规划构思灵活应变，进行各种变体或相互组合，以创造更富有特色的空间形态。⑤建筑群体的空间布局还应考虑整体性，要注意把握空间的秩序感和协调感，避免混乱（图2-10 ~ 图2-13）。

民用建筑防火间距 表 2-2

建筑类别		高层民用建筑	裙房和其他民用建筑		
		一、二级	一、二级	三级	四级
高层民用建筑	一、二级	13	9	11	14
裙房和其他民用建筑	一、二级	9	6	7	9
	三级	11	7	8	10
	四级	14	9	10	12

（资料来源：《建筑设计防火规范（GB 50016-2014）》）

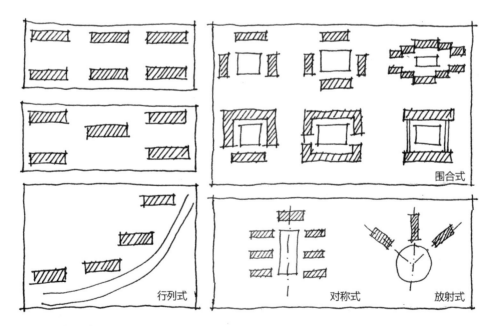

图 2-9 建筑群的布局方式

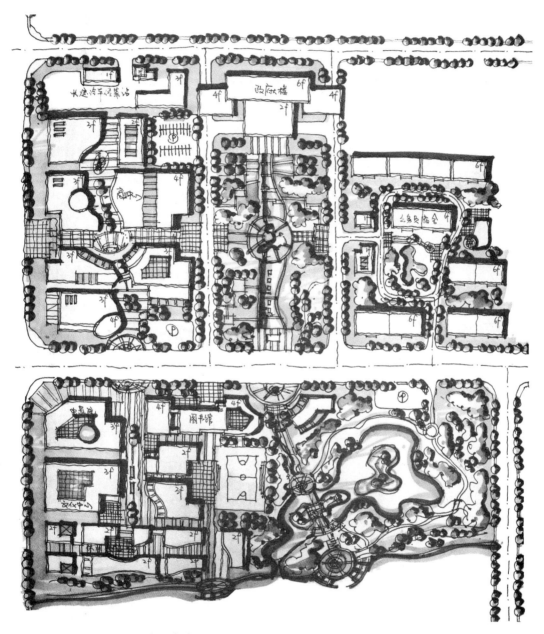

图 2-10　行列式建筑群的布局方式
　　该设计方案采用行列式布局方式组织各类建筑，空间形态规整有序，但部分公共建筑的南北向间距不足。

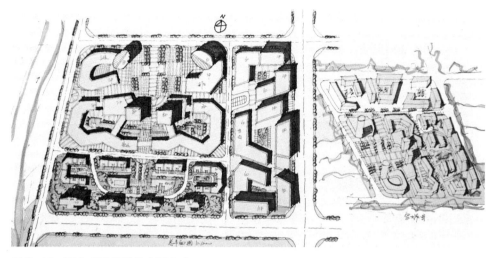

图 2-11　围合式建筑群的布局方式

　　围合式布局有助于形成多样的空间形态。该方案在商业区和办公区的空间设计中采用围合式的布局方式，其中商业街区利用曲线形建筑形成形态丰富、灵活的街巷空间，商业街的尺度和两侧建筑的比例关系良好；办公区则利用 L 形建筑形成规整的院落空间。

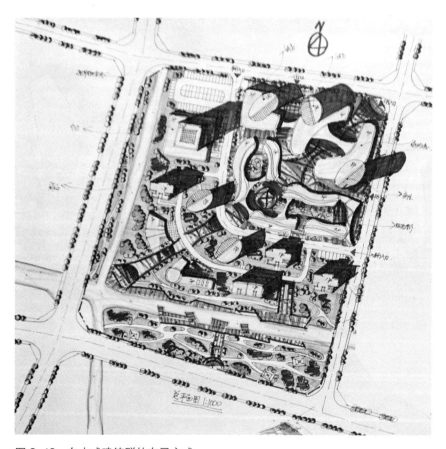

图 2-12　自由式建筑群的布局方式

　　该设计方案利用曲线形建筑形成灵活、富有变化的空间形态，其中贯穿整个场地的主轴线又将各类建筑整合在一起。

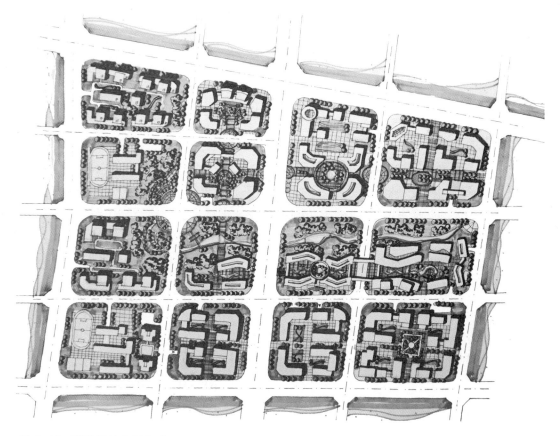

图 2-13 建筑群的布局方式

在方案设计中可以综合功能特点选择多种建筑群的布局方式，一方面可以体现各功能区域的特点，另一方面可以增加整体空间形态的灵活性。该设计方式主要采用围合式的布局方式，优点是整体性强、空间规整有序；缺陷是未能体现功能分区，空间形态略显单调。

2. 道路与场地出入口

（1）道路等级

城市道路可分为主干道、次干道、支路和一般道路，每种道路具有不同的红线宽度和道路断面（图 2-14）。城市主干道红线宽度 60 米以上、城市次干道红线宽度 35 ~ 50 米；城市支路红线宽度 30 米；一般道路红线宽度 25 米以下。居住区内道路可分为居住区道路（红线宽度不宜小于 20 米）、小区路（路面宽 5 ~ 8 米，建筑控制线之间的宽度不宜小于 14 米）、组团路（路面宽 3 ~ 5 米，建筑控制线之间的宽度不宜小于 10 米）和宅间小路（路面宽度不宜小于 2.5 米）四级。

（2）交通组织

合理地选择每个场地的出入口是总平面设计的重要内容，场地与周边道路的衔接要遵循相关的技术规定：

①当地块主要出入口与城市道路发生关系时，应选择在道路级别低的、对城市交通影响小的道路上。特殊情况下向城市更高等级道路（次干道以上）的开口不宜超过2个。开口位置距离城市主干道交叉口红线交点需大于80～100米，次干道大于70米；距离非道路交叉口的过街人行道（包括引道、引桥、地铁出入口）最边缘线不应小于10米；距离公交站台边缘不应小于10米，距离公园、学校、儿童及残疾人等建筑的出入口不应小于20米。

②剧场、体育场馆等容易形成短时间集中人流的大型公共建筑，必须在主要出入口前设置集散广场，具体面积和尺寸视建筑性质和规模确定；紧急疏散出入口必须邻城市道路或有专用道路连接至城市道路。

③居住区内主要道路至少应有两个方向与外围道路相连；机动车道对外出入口数应控制，其出入口间距不应小于150米。当沿街建筑物长度超过160米时，应设洞口尺寸不小于4米×4米的消防车通道。人行出口间距不宜超过80米，当超过时，应在建筑底层加设人行通道口。居住区内道路与城市道路相连接时，交角不宜小于75°；当居住区内道路坡度较大时，应设缓冲段与城市道路相接。居住区内尽端式道路的长度不宜大于120米，并设不小于12米×12米的回车场地。

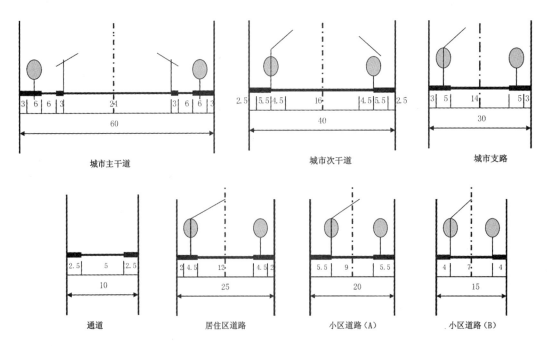

图2-14　典型道路断面示意图（单位：米）

（资料来源：《北京地区建设工程规划设计通则》）

（3）停车

不同功能的建筑拥有不同的停车标准，采用不同的计算方法。大中型公共建筑应根据相关规范配建停车场，这些公共建筑指：①建筑面积 1000 平方米以上（含 1000 平方米）的饭庄；②建筑面积 2000 平方米以上（含 2000 平方米）的电影院；③建筑面积 5000 平方米以上（含 5000 平方米）的旅馆、外国人公寓、办公楼、商店、医院、展览馆、剧院、体育场等公共建筑（表 2-3）。

北京市大中型公共建筑停车场标准　　　　　表 2-3

建筑类别		计算单位	标准车位数
旅馆	一类	每套客房	0.6
	二类	同上	0.4
	三类	同上	0.2
办公楼		每 1000 平方米建筑面积	6.5
餐饮		每 1000 平方米建筑面积	7
商场	一类	每 1000 平方米建筑面积	6.5
	二类	同上	4.5
医院	市级	同上	6.5
	区级	同上	4.5
展览馆		同上	7
电影院		每 100 座位	3
剧院（音乐厅）		同上	10
体育场馆	一类	同上	4.2
	二类	同上	1.2

（资料来源：《北京地区建设工程规划设计通则》）

居住区主要依据户数配建停车场。在北京地区，普通居住区按照三环路以内 2 辆 / 户、三环路以外 1.5 辆 / 户的标准计算。在总平面中需要画出地面停车场，一般快题表达时可采用 3 米 ×6 米一个车位。停车场的占地面积按照每车位 25 平方米计算，停车库的建筑面积按每车位 40 平方米计算。公共停车场出入口的设置应符合以下规定：①出入口应符合行车视距要求，并应右转入车道。②出入口应距离交叉口 50 米以上。③ 50 个停车位以内，可设一个出入口，其宽度宜采用双车道；50 ~ 300 个车位应设两个出入口；大于 300 个车位，出口和入口应分开设置，两个出入口之间的距离应大于 20 米。此外，要注意表达地下停车库时，停车库出入口车道的最大坡度为 15%。

3. 环境要素

环境设计是总平面中的一项重要内容。而且在快题设计中，良好地表现绿地、水、广场、铺地等环境要素还可以丰富图面效果，使设计显得更为饱满。

（1）绿地

绿地的设计包括草坪、乔木、灌木等内容，各种绿化类型都有多种丰富的表达方式。绿地的设计首先要考虑功能，居住区绿地和城市中心区绿地的使用要求是不同的，居住区绿地为居民日常的休憩、娱乐、交流提供空间，因此更应注意营造安全、宁静的环境；而城市中心区绿地则主要以观赏、休憩为主，特别要注意景观营造（图2-15、图2-16）。草坪是最常见的绿化形式，也是整个总平面图的底色。草坪一般选择平涂的方式，表达时主绿色的选择非常重要，这会影响整个图面的色彩效果。为了增加图面的层次感，也可以选择几种不同深浅的绿色进行退晕或叠加。树木的表现也非常关键，绘图时应运用不同的树木种植形式，将树木作为凸显路网结构、强化规划结构的手段。

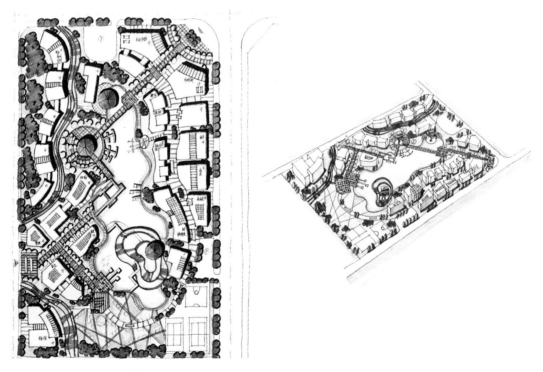

图2-15　居住区绿地设计

该设计方案中，绿地位于场地的核心地带，绿地的整体空间形态自由、灵活，与周边公共建筑结合紧密。草坪、坡地、水体、栈桥、凉亭、亲水平台、小广场等景观元素丰富，以满足居民不同的使用需求。

图 2-16　城市中心区绿地设计

　　城市中心地区的绿地设计不仅考虑实用、美观，还需要成为整个地区的规划节点，具有一定的标志性。该设计方案采用轴线对称式的方式规划整个中心地区，绿地居中，成为重要的景观轴线。绿地也采用轴线式的布局，综合利用草坪、方形水池、树木、铺地、雕塑等元素，形成具有秩序的空间形态。

（2）水体

　　水体是空间环境的重要组成要素，既可以起到分割功能空间的作用，也能够作为串联整个规划结构的要素（图 2-17）。善于使用和表达水体以丰富图面效果，增加设计的趣味性。水体主要分为规则形的水池和不规则的水面两种形式，这两种形式带给人们的空间感受不同，呈现的空间效果也不同，因此应结合规划构思和功能要求选择合适的形式。规则形的水池往往需要结合景观轴线、景观节点进行综合考虑；而不规则的水面则应注意水体整个轮廓线的连贯和美观，水面应有时而宽阔时而狭窄的丰富变化。同时水体的布置还要与滨水绿化带、步行道、近水平台等设计元素相结合，共同组成一个完整的开放空间体系。

（3）广场

　　广场根据功能不同可分为集散广场、活动广场、景观广场等类型，不同类型的广场设计是有所差异的。集散广场主要位于大型建筑或功能区的主入口处，为了起到有效疏散人流的作用，集散广场应以大面积的铺装为主，同时减少广场的高差变化。活动广场依据从事的活动类型可以进行进一步的空间划分；而景观广场则可以运用各种设计手段增加广场的层次和美观效果。不论是何种类型的广场都应该合理处理广场的面积和尺度、广场与周围建筑的空间关系、广场的空间划分、交通流线组织、绿化形式等。此外，广场还是重要景观节点，需要结合整个规划结构统筹考虑（图 2-18）。

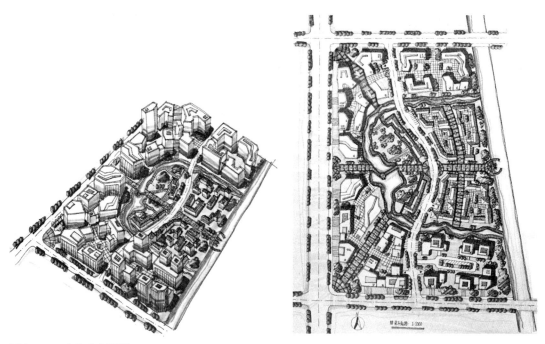

图 2-17 水体空间设计

　　该设计方案将周边水体引入场地，形成环形水系结构。水系既作为分割功能和空间形态的元素，也将整个地区有效地串联在一起。

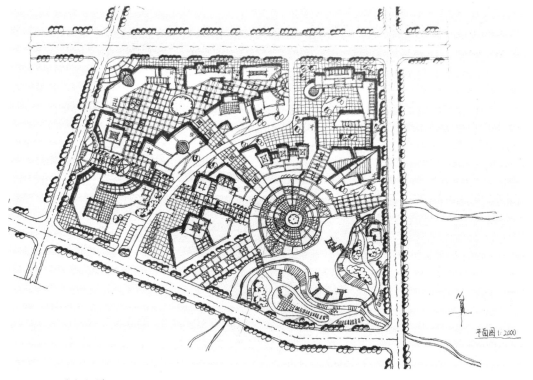

图 2-18 广场设计

　　该设计方案的中心广场主要采用放射式布局，中心感突出，轴线将广场与其他功能片区相关联。曲线形水系与广场相切，增加了空间形态的灵活性。

（4）铺地

铺地的设计首先应满足人流通行的功能需求，在建筑主次入口处合理安排铺地。铺地的画法还要展现人行路线，区分场地的主次（图 2-19）。

4. 市政交通设施（图 2-20）

当规划地段内需要设计市政设施或公共交通设施时，设计者首先应考虑根据这些设施的功能特点、对周围道路的通行需求及对周围环境的影响程度将其置于合适的区位，既保证设施本身的运作，又降低对周围环境带来的负面影响。

其次，设计者应熟悉常见的市政交通设施的相关规范，如加油站的出入口应分开设置，进、出口道路的坡度不得大于 6%；停车场内单车道宽度不应小于 3.5米，双车道宽度不应小于 6.5 米。公交首末站宜设置在城市道路用地以外的用地上，周围有一定空地，每处用地面积可按 1000 ～ 1400 平方米计算。应设置几条线路共用的交通枢纽站。不应在平交路口附近设置首末站，首末站必须严格分隔开入口和出口等。

图 2-19　铺地设计

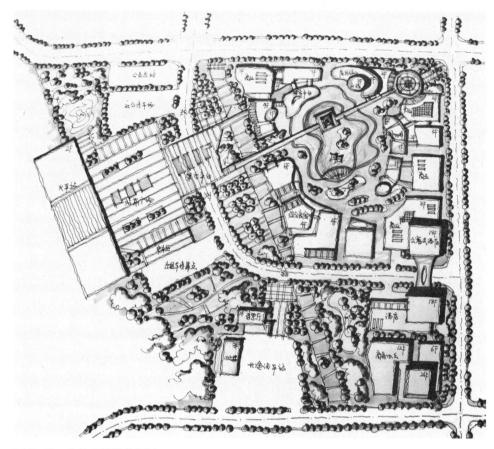

图 2-20 公共交通设施设计

　　火车站站前广场的设计需要考虑人行、车行的交通流线，进站、出站的交通流线。站前广场以大量硬质铺装为主，同时考虑公交站点、出租车停靠点、社会停车场的位置和面积。该设计方案包含火车站站前广场、长途汽车站设计，还包括商业、办公、旅馆等建筑功能。此类题目设计难度较大，既需要交通类空间满足基本的功能需求，又需要整合各类功能的空间形态，形成具有标志性的空间结构。

2.2　审题

　　在快题考试中，审题是最基础的环节，设计者要详读规划题目和设计任务书，包括项目背景、规划设计要求、成果要求、地形图等，特别要在众多文字和地形图中抓住题目主要的考核点，分析规划设计需要的知识点。

　　1. 对设计要求的分析

　　明确规划地段的主要性质，需要包含哪些功能，明确建筑面积、容积率、建筑密度等各指标的要求，根据用地面积思考各功能的建设强度、建筑高度和空间形态。

　　2. 对设计地段的所在地区进行分析

　　根据文字说明、指北针、风玫瑰等信息了解规划所在地理位置，特别要注意是南方还是北方，南北气候差异直接影响建筑的间距和空间布局。此外，应关注规划项目在城市中的区位，如位于城市旧城和城市新区对于规划的空间布局、形态设计等方面也有不同的要求。特别是当建设用地位于某历史文化名城时，还应在设计中注重对当地历史文化的展示和体现。

3. 分析基地外部环境

基地外部环境包括周边道路交通、周边用地功能、外部自然环境、外部空间形态等。周边道路交通要分析道路的性质和宽度，这影响基地和建筑主次入口的选择，如外部道路为城市快速路、城市主干道时不应在该道路上开设机动车出入口。当题目中出现重要交通设施如汽车站、地铁站、人行天桥等时需要考虑人流方向对场地出入口的影响。

周边用地功能对基地总体功能分区有一定影响，一般而言相似的功能应该放在一起，而相冲突的功能应恰当分离。

外部自然环境包括绿地、水体、山体等。其中，如果绿地和水体紧邻规划地段的话，可以在设计上将其引入规划地段内部，与基地内部的绿化和水体相融合，形成景观渗透，共同构成开放空间（图 2-21）。如果绿地和水体距离规划地段较远的话，则可以在视觉上考虑建筑朝向绿地和水体，以求得良好的景观视野。基地外部的山体主要作为外部景观使用，可以将其纳入景观轴线之中，考虑规划地段内部景观节点与山体的关系。外部空间形态主要考虑周围建筑的高度、组合方式等。如规划地段临近历史街区的话，历史街区的形态对规划地段产生重要的影响，靠近历史街区的建筑风格和建筑组合方式要与其相协调。

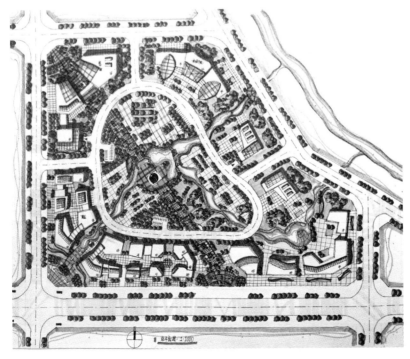

图 2-21　对场地周边环境的考虑

将周边水系引入场地内部是快题设计中常采用的做法，水系的引入要与整体的规划结构、路网体系相结合。该设计方案中的水成为构成景观节点的核心元素，滨水步行道也能够将各功能地区串联在一起。

4.分析基地内部情况

基地内部情况包括现状道路、现状建筑、现状自然环境等，应保留和利用有价值的现状元素，并将其融合到新的开发建设中（图2-22、图2-23）。当基地内部有需要保留的历史建筑、建筑群或构筑物时，一方面可以结合规划要求进行功能置换；另一方面，在空间形态设计上可以通过景观节点、开放空间、轴线等方式将其融入整个规划结构中。如基地内部有水系的话，可以围绕水系组织公共空间，水系周边布置绿化带或步行道。基地内部的名木古树也应保留，将其作为景观节点，围绕其组织空间。如场地内部有坡度或高差时，应该根据坡度的情况来组织空间。坡度较大的用地如不适合作为建设用地的话，可以结合景观设计，将其融入绿地系统的设计中。坡度平缓的用地可以进行开发建设，但需要注意竖向设计。一方面注意建筑、道路的修建与等高线之间的关系；另一方面要充分利用高差形成丰富的空间形态。

此外，还需注意基地内部保留的城市道路或河流会自然将基地分为几个部分。一方面，在规划功能分区时应考虑基地的自然划分；另一方面还应利用其他规划方法将各场地有机地结合在一起（图2-24）。

图 2-22 对场地内部环境的考虑

该设计方案对场地内部的历史建筑进行保留，并顺联历史建筑规划步行街，建筑尺度和形态与历史建筑相协调。

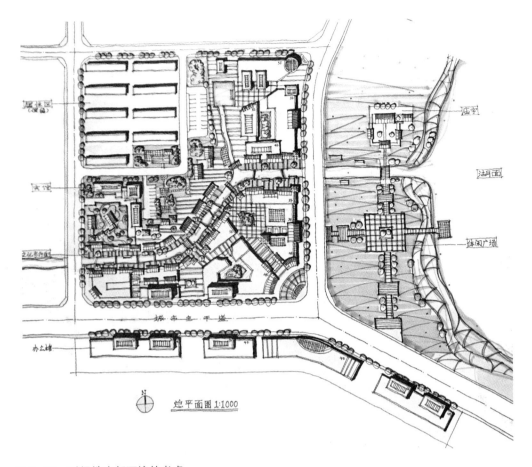

图 2-23　对场地内部环境的考虑

　　该设计方案对场地内部的历史建筑进行保留，以历史建筑为节点，设计休闲广场。对场地内部的水体进行充分利用，沿河岸两侧建设商业街。在建筑形态的设计上充分考虑与历史建筑相协调，建筑屋顶采用平坡结合的方式，体量、尺度适中。

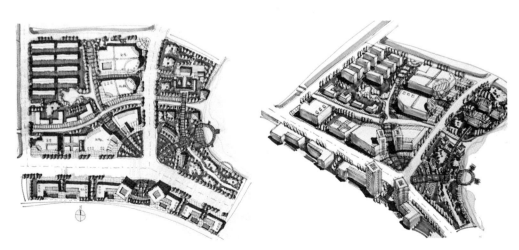

图 2-24　对场地内部环境的考虑

　　该设计方案考虑了两个城市道路对场地的分割，结合道路交叉口设计圆形广场，并采用放射式的结构布局周边建筑，将三部分场地结合在一起。

2.3 方案构思

详读题目之后，设计者需要开始方案构思的过程。一般而言，在读题、消化信息的过程中，设计者心中已经有了大致的想法，之后需要在草图纸上将其进一步调整和细化。快题设计的方案构思与日常设计并不完全相同，日常设计可以是不断学习、挑战、创新的过程；而快题设计主要考查设计者根据特定的地段、特定的要求在功能分区、道路和交通流线组织、空间形态等方面提出合理的想法（图2-25）。因为时间有限，任务书的要求并不会特别复杂，而侧重于对设计者基本功的考量。设计者在进行方案构思时应注意将日常积累的成果集中展现出来，而不应试图在快题设计中提出从未尝试过的规划构思和空间形态。这是无法在短暂时间内得到实现的。

城市规划本身是项综合性的工作，涉及经济、文化、人文等多方面的内容，但规划快题设计更倾向于针对微观层面的物质空间的设计。因此，设计者应主要将重点放在合理的功能分区、场地设计的相关知识、常用的技术规范、不同功能建筑和建筑群的规划要点方面。对空间形态的塑造非常关键，要将功能分区、道路体系、开发建设强度等功能性要求与空间形态的营造结合起来。

在进行方案构思时，切忌出现技术性错误，任何方案都必须满足相关的技术规范，否则单纯追求形式美观是没有意义的。

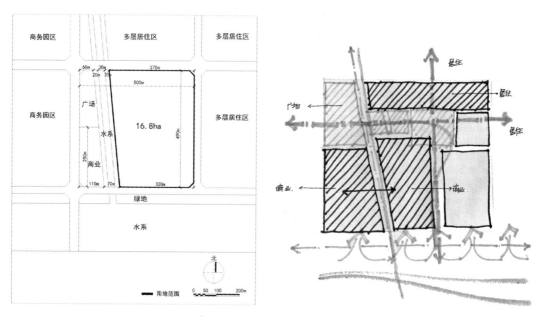

图 2-25　方案构思

通过对题目的解读初步判断商业、居住空间、中心广场的位置，初步确立景观轴线及对水体的渗透方式等。

方案构思的过程：①根据任务书的设计要求和场地条件，在分析基地外部环境和内部环境的基础上，确定功能分区、道路体系、景观体系和规划结构。②根据建筑面积或容积率等要求核算各功能的建设规模，按照日照间距、防火间距、后退红线等技术要求初步摆放建筑。③进一步调整建筑群的空间关系，突出规划的形态特色。④最后深化设计细节，进行方案调整。

案例：北方工业大学城市规划快题设计竞赛任务书

某北方城市地区级商业中心详细规划设计

一、规划用地概况

规划地块位于北方某特大城市，地块周边已建有居住、商务园区、商业等功能。规划地块紧邻城市重要水系，周围交通便利，场地内部地势平坦。

规划地块周边城市道路状况：南侧城市道路红线宽度 30 米，北侧城市道路红线宽度 40 米，东侧城市道路红线宽度 30 米。

规划总用地面积为 16.8 公顷，具体尺寸详见下页地形图。

二、规划设计要求

1. 该地块拟结合周边用地现状及交通条件，规划建设地区级商业中心、混合住宅用地及绿化景观。

2. 具体开发内容如下：

（1）商业设施：建筑面积约为 10 万平方米，包括零售、餐饮、酒店、休闲娱乐等内容。

（2）办公：建筑面积约为 5 万平方米。

（3）住宅：建筑面积约为 5 万平方米。

（4）文化设施：建筑面积约 1 万平方米，内容自定。

（5）集中绿地：主要为市民提供休闲服务，用地面积自定。

（6）其他需要设置的设施和场地：具体内容和建筑面积结合方案自定。

3. 建筑控高 80 米，绿地率不低于 30%，容积率不超过 1.5，住宅日照间距为 1：1.7。

4. 停车位应满足各功能要求，停车场应地面地下相结合。

三、成果要求

1. 设计说明及主要经济技术指标。

2. 规划总平面图 1：1000，应标注建筑物及空间的功能（名称）、层数等，标注指北针、比例尺。

3. 规划分析图：包括功能分区、道路系统、绿化景观等分析图，比例和数量自定。

4. 总体鸟瞰图或透视图。

5. 图纸尺寸为 A1 规格，表现方式不限。图纸数量 1 ～ 2 张。

6. 考试时间为 6 小时。

2.4　形成规划结构

规划结构是综合场地的功能、道路体系、景观体系而形成的一种综合性的空间关系。规划设计的基本要求是规划结构清晰、合理并富有特色，这需要根据设计要求和场地的特点进行整体性设计，包括：①根据各功能要求、各功能之间的关系和用地周边的现状功能合理划分功能分区，包括哪些功能可以相邻，哪些功能因为产生干扰而需要分离，哪些功能是相对开放性的功能，哪些是相对私密的功能等。②确定整体的道路体系，道路体系的设计一方面要满足交通通行的需求；另一方面路网也是规划空间形态和结构的组成部分。③确定整体的绿化景观体系，包括景观轴线和景观节点等，这也是方案特色的体现（图 2-26、图 2-27）。

规划结构一般有组团式、轴线式、放射式等，设计时可综合运用几种方式（图 2-28 ～图 2-30）。其中组团式是以片状区域形成组团，若干组团可以不分主次平行设置，也可以围绕一个中心组团进行布置。每个组团功能相对独立，组团之间可通过道路、水体、绿化等要素进行划分。大型居住区规划通常会采用这种形式。

轴线式是一条或多个轴线为核心来组织空间，当规划结构中出现多个轴线时，轴线之间的交点往往成为重要的规划节点。规划节点可能是广场、重要标志性建筑等，需要设计者在设计中加以强化。轴线本身一般是线性空间，可以是一条宽阔的道路，也可以是绿化带或带形水系。一般而言，为了强化轴线，轴线两侧的规划要素包括建筑、绿地、树木等均需要沿轴线、呈对称式布置，这样轴线的序列感和导向性会非常强。轴线的形成也可不使用物质要素，而根据规划元素强烈的对称关系来表现。

放射式是将建筑、道路等规划元素围绕一个向心点进行发散式布置，这个向心点也就是重要的规划节点，一般是整个规划地段最重要的建筑物或开放空间，而道路往往成为重要的放射性要素。但需要注意的是，这种方式容易将场地划分为不规则的形状，为建筑的摆放带来困难，需要在建筑功能和形态上进行特殊处理。

图 2-26　规划结构

　　该设计方案利用现状水系安排功能分区，将居住区和商业区有效分离。居住区和商业区的空间布局、建筑形态、场地设计能够体现各自的功能特点。

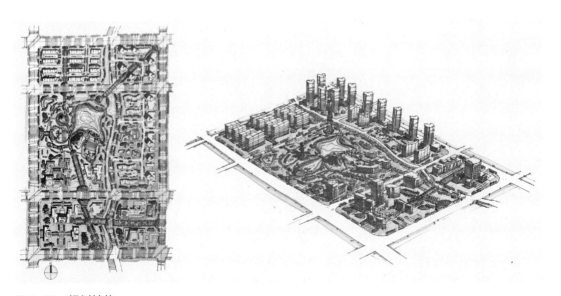

图 2-27　规划结构

　　该设计方案以围合式结构统筹整个规划地区，以大型城市公园为核心组织，周边布置居住、文化、商业、行政等用地功能。整体空间形态有序、层次丰富。

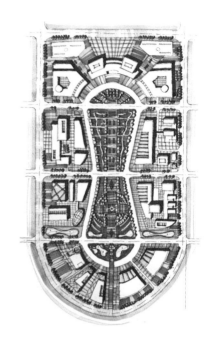

图 2-28　轴线对称式规划结构

　　该设计方案以中心绿地为主要轴线，两侧建筑呈均匀对称式布局。轴线两端为办公类建筑和展览类建筑，建筑形态具有一定的标志性。

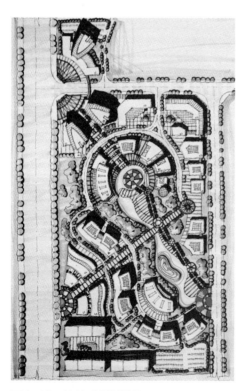

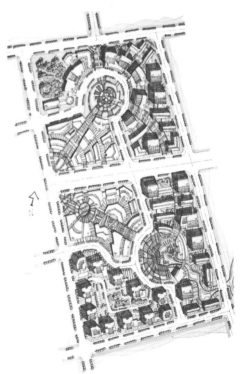

图 2-29　放射式规划结构

　　该设计方案主要以放射式结构布局建筑群，形成四个景观节点，并用两条景观轴线将其串联，中心感突出，整体性强。

图 2-30　放射式综合轴线式规划结构

　　该设计方案形成三个主要的规划节点，并用三条轴线将其串联。这个规划结构整体性强，各类功能空间结合有序。

2.5　总平面设计

　　总平面设计是快题考试最重要的内容，也是所有规划内容的集中性的展示。总平面设计在规划结构的基础上进行，它需要根据各项技术规范和任务书提出的经济指标，在整体规划结构的指导下细化建筑形态、建筑规模、建筑群的空间组合（图 2-31）。进行总平面设计时可注意以下几点：

　　1. 总平面表达的要素众多，而且精细程度也高，因此应牢记规划构思和规划结构，以规划结构为纲，不要在进行细部设计后弱化了初期的想法。

　　2. 总平面设计是反映设计者基本功的主要内容，设计者的创意、想法最终都需要通过每种规划要素落实到图纸上。因此，建筑之间的各种间距要求、道路断面的画法、对消防通道的设置、停车场的设置等都需要设计者进行日常的积累和学习。

　　3. 建筑是基本的规划要素，设计者要根据建筑的功能选择合适的平面形态，建筑布局应考虑朝向、间距、采光、通风、视线等要求。

　　4. 通过环境设计对总平面进行完善，提升图纸的美观和质量。在景观规划体系的基础上，结合建筑和道路的布局进一步的深化和完善外部空间，通过环

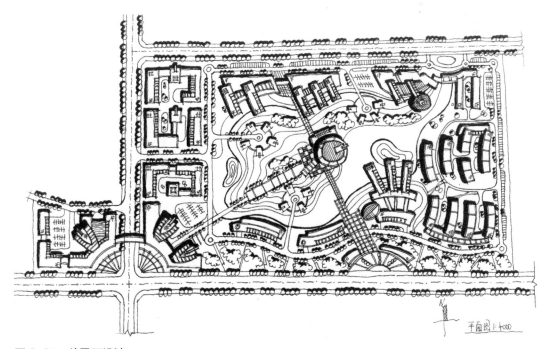

图 2-31　总平面设计

境设计强化整体的韵律感和秩序感。

5.要确定道路的形态、主次入口的位置，对场地内外的交通进行协调，组织好步行道、车行道、消防通道的设置。

2.6 规划分析图

规划分析图是一种重要的表达规划构思和规划内容的图纸，分析图可分为现状分析、构思分析和图解分析几类（图2-32）。现状分析是在构思方案之前，对整个地区所在的区位、基地周边环境、基地内部环境进行分析。这类分析是通过对现状的研读，提取设计的关注点，是进行规划构思的基础。构思分析是在思考和形成方案的过程中进行的，可以通过一系列分析图表现设计方案形成的源泉和过程，如何通过场地内外的自然、交通、人文等要素的解读，形成规划的构思。图解分析是在规划方案形成后，为了便于他人理解规划的核心内容而进行的分析。图解分析与规划总平面相配合，分别抽离出功能结构、道路交通、绿化景观等要素，将其独立、清晰地展示出来（图2-33）。图解分析一般包括规划结构分析、功能分区、道路交通系统分析、绿化系统分析、景观系统分析等。

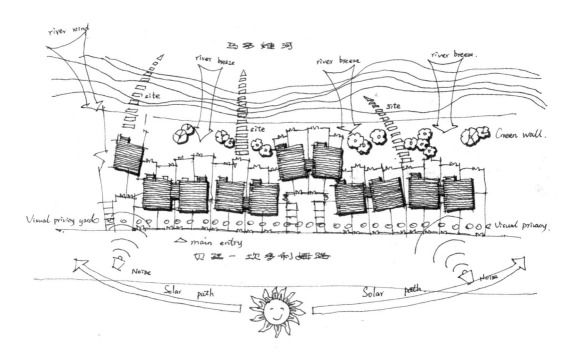

图2-32 场地分析图

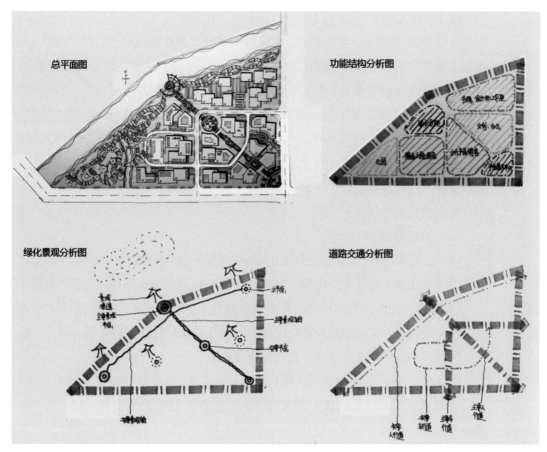

图 2-33　图解分析图

其中规划结构分析强调规划的轴线、空间节点、道路系统之间的关系，是对用地地形和规划条件最宏观的设计思维展示。功能分区是分析场地上功能布局与基地的关系，及各功能与功能之间的关系。道路交通系统分析是车行交通、人行交通的组织关系。绿化系统分析主要表达不同的绿化类型及相互的关联。景观分析包括主要景观轴线、景观节点、景观走廊等内容。

2.7　指标与说明

规划设计说明和技术经济指标是图纸表达的辅助手段，快题中的设计说明字数有限，因此要求通过简练扼要的文字将整个方案的设计背景、设计目标和特色、功能布局、交通组织、空间形态等内容进行有逻辑性的说明。在撰写设计说明时需要注意用词的严谨、通顺，不可出现错别字。同时书写一定要工整，不能因为时间有限而潦草。

技术经济指标包括总建筑面积、容积率、建筑密度等，是衡量一个规划方案是否具备技术合理性的主要依据。在快题设计时，有些题目明确给出了部分设计指标，如各功能的建筑总面积。这时设计者一定要满足任务书所给的设计指标。有些题目并没有明确给出，如只说明容积率的上限，这种难度更大一些，需要设计者根据任务书综合判断建设量。技术经济指标与用地的建设量和空间形态相关联，一些设计者由于时间不够，并没有计算指标，只是大致给出一个数值，两者经常对应不上。一些题目中要求设计者计算技术经济指标，但并未明确说明计算哪些指标，这时需要设计者了解一般情况下技术经济指标包含的内容。

常用的技术经济指标包括：

（1）总用地面积：公顷。

（2）总建筑面积：规划用地上拥有的各类建筑的建筑面积总和，单位万平方米。

（3）容积率：无量纲的比值，总建筑面积（地上）与规划用地面积的比值。

（4）建筑密度：规划用地内所有建筑基地总面积和用地面积的比值，单位：%。

（5）绿地率：规划用地内各类绿地的面积与规划用地面积的比值，单位：%。

（6）停车位：包括地面停车数和地下停车数。

（7）居住区规划还应该包括规划总人口（人）、各类建筑面积（万平方米）、人口毛密度（人/公顷）、人口净密度（人/公顷）、住宅平均层数（层）等。

第 3 章 | 规划快题设计的表达与技巧

3.1 表达工具

快题设计中常用的表达工具有:铅笔、彩色铅笔、马克笔、钢笔;白纸、拷贝纸、硫酸纸;丁字尺、比例尺、三角板等。不同的工具有不同的特点,呈现的图面效果也不同,设计者可以根据自身的喜好和习惯选择表达工具。

3.1.1 笔(图3-1)

1. 铅笔

铅笔是方案设计中最常见的工具,分为H、HB、2B、4B、6B等类型。快题设计中铅笔主要用于两个阶段,一是用于方案初步构思时在草图纸上勾勒、修改方案;二是方案基本形成后,在正图上绘制铅笔线稿。设计者可以准备几只铅笔,不同阶段需要不同粗细的铅笔。其中,HB、B铅笔较轻、较细,适用于在正图上打底稿;而2B、4B笔尖较粗但柔软,可以用于方案构思阶段的反复修改。

2. 彩色铅笔

彩色铅笔是用于上色的工具,携带方便,颜色丰富,便于修改,在总平面、表现图等中都可使用。彩色铅笔有很多种类,可以购买铅芯偏软的笔,以免划破纸张。在图面效果上,与马克笔相比,彩色铅笔画质较浅、清淡。

3. 针管笔

针管笔可以在铅笔线稿的基础上绘制正式图。针管笔类型多样,设计者可按照个人的习惯选择粗细适中、出水流畅的针管笔。

马克笔 彩铅

图 3-1 绘图笔

4. 马克笔

马克笔是快题考试中最常使用的一种绘图工具，马克笔色彩丰富、饱满，视觉冲击力强，容易吸引评阅者的注意。马克笔分为水性马克笔和油性马克笔，水性马克笔干得慢，反复修改容易对试卷产生破坏。油性马克笔干得快，色彩饱和度高，多层快速叠加容易出现退晕效果，上色时不会稀释和破坏墨线，因此一般选择油性马克笔居多。马克笔要注意与其他工具的配合使用，在不同的纸张下，马克笔呈现的效果不同。如在制图纸上马克笔笔触非常明显，容易体现线条之间的叠加，也考验设计者的功底；在硫酸纸上，马克笔的颜色会相对偏灰、偏暗一些。马克笔上色时要遵循先上浅色，逐渐上深色的原则，线条之间要注意相互叠加或交叉，形成层次丰富的图面效果。马克笔运笔要流畅、干脆，即使一笔画错了也不要反复涂抹。

5. 钢笔

钢笔也可以作为绘制正式图的工具，与针管笔不同，不同方向的钢笔笔尖呈现的线型和粗细程度不同，运用得当的话可以增加线条的弹性和美感，运用不当的话则可能出现断点的现象。钢笔在硫酸纸上使用时，容易出水不畅；在拷贝纸上使用时笔尖容易划破图纸，这些需要设计者注意。

3.1.2 纸（图 3-2）

1. 白纸

白纸是常用的绘图工具，各种笔用在白纸上都会呈现较强烈的表现效果。但白纸不透明，将设计草图转化为正图或画轴测图时不够方便。

图 3-2 绘图纸

2. 色纸

色纸也是不透明纸张，相当于为正图提供一个底色调。与白纸相比，在色纸上上色容易降低色彩的表现力，因此需要设计者结合底色选择不同的画笔。

3. 硫酸纸

硫酸纸的透明性很好，便于在草图的基础上直接绘制正式图或生成轴测图，提高绘图的效率。但硫酸纸本身呈现出偏暗的底色，在上色时色彩的表现力和冲击力没有白纸强烈。而且马克笔有时在硫酸纸上容易不出水，影响线条的质感。

4. 拷贝纸

拷贝纸在方案构思阶段是普遍选用的纸张，透明性强，可以提升绘图效率。但拷贝纸很薄，容易破，画图时应特别注意。最后完成正图后也可以将其粘在白纸上，以免损坏。

3.1.3 尺规（图3-3）

1. 丁字尺

考试必备的工具，用于绘制各种水平线，同时结合三角板绘制垂直线。

2. 直尺

用于绘制各种水平直线和垂直直线。

3. 三角板

主要配合丁字尺绘制垂直线和绘制有一定角度的直线。

4. 圆规

用于绘制规则的圆形和半圆形，使用圆规时要注意不要戳破图纸。

5. 比例尺

用于根据任务书要求的比例，绘制正式图。

6. 蛇形尺或曲线板

用于绘制相对圆滑的曲线。

3.2 排版和构图

图面的组织和排版是一项重要的工作，特别是图纸内容比较多或需要两张以上的图纸的时候，应对图纸的内容和各个图的大小进行统筹安排（图3-4）。设计者可注意以下几个方面：①在绘制正式图之前就对图纸内容和图面分配进行总体安排，用铅笔划分出大致的区域。②构图要有主次之分，如果是两张图的

话，每张图都要有重点内容，可以一张图以总平面为主图，另一张以效果图为
主图，主要的图安排在图面核心位置，其他小图围绕均匀布置。③排版要体现
设计的过程和思路，如现状分析或区位分析一般放在第一张图，和总平面放在
一起，便于配合总平面的理解。④图纸上出现的字体一定要书写工整，包括题目、

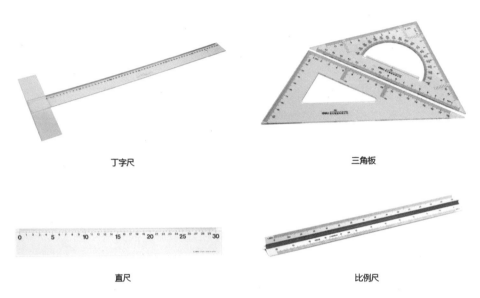

丁字尺　　　　　　　　　　　　　　　三角板

直尺　　　　　　　　　　　　　　　比例尺

图 3-3　尺规

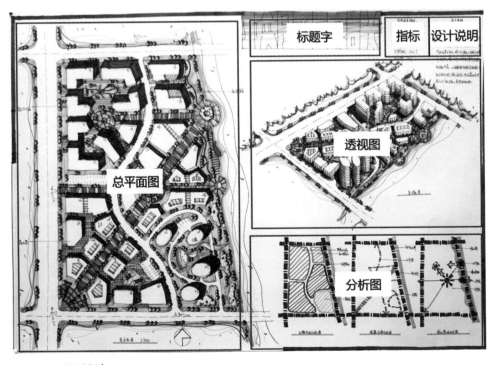

图 3-4　版面设计

每个图的图名、设计说明等要字体适中，先用铅笔画出方框参考线，在方框内写字，字体不要东倒西歪，尽量横平竖直。要选择合适的字体，特别是标题字，最好不要使用笔画单薄的字体，字体要厚重。（5）如果是两张的话要保证两张图的版式是一致的。

3.3 表达技法

3.3.1 总平面图表达

总平面是信息量最大、表现内容最多的图，基地内外一切规划要素都需要在总平面中展示出来。总平面图需要使用不同的色块将建筑、场地、道路、绿地、水体等规划要素分离出来。同时还应注意整体感，综合运用色彩搭配、明暗深浅的变化等突出总体的规划结构和方案特色。在画总平面时应注意时间安排，先用针管笔或钢笔完成墨线图的绘制，在此基础上依据从主到次、从浅至深的顺序进行表现。

1. 总平面图的表现内容（图3-5）

指北针、风玫瑰、比例和比例尺；用地红线；规划用地周边的道路及周边环境，其中道路需要5条线来表示（中心线、路面线、道路红线）；规划用地内部环境，包括等高线、标高、保存建筑、树木、水体等；规划用地内部道路（主要道路也需要5条线表示）、人行道、转弯半径、停车场、行道树，停车场特别要注意画出行车流线和停车位；场地和建筑的主次入口；建筑屋顶轮廓线、层数、阴影、天窗；铺装、广场、水体、绿地、各种类型的景观植物等；图名、设计说明、技术经济指标、必要的文字和尺寸标注。

2. 线条

总平面中要充分利用线条的粗细变化表达不同的规划要素，如建筑外轮廓线要使用粗线，建筑女儿墙或坡屋顶的分界线等使用细线。

3. 配色

总平面一般是需要上颜色的，平时可通过临摹等方式选择几种搭配好的色彩，考试时尽量按照平时的习惯上色，不要轻易临时选色（图3-6~图3-8）。图面效果要具有整体感，同时色彩要有一定灰度，不要大面积使用过于鲜艳、刺眼的颜色。总平面需要表达的内容众多，建筑、道路、绿地、水体等均需要通过颜色来区分出来，这些最好使用通行的、常规的颜色，如蓝色一般用于水体或建筑天窗中，不要在其他地方随意使用，否则容易造成误解。在用马克笔上色时，要注意疏密有致，画面不宜涂得过满，草坪、水面等要有一定的留白，这样可以增加图面的灵活性，不至于过于呆板。各种色系的马克笔应选择深浅几种，上色时注意渐变和退晕，增强图面的效果，加强层次变化。

4. 阴影

阴影是使画面富有层次感、增强图面效果的重要手段，总平面中的阴影主要有建筑阴影、树木阴影、水岸线阴影。阴影的表达首先要统一、准确，即光源方向一致，影子的方向一致。阳光一般从东南向射过来，因此阴影在建筑或树木的北面。阴影要表达建筑之间的高低差别，建筑越高，阴影越长；建筑越矮，阴影越短。此外还要注意当建筑自身有错落变化时，高起部分的阴影会落在较低的建筑局部上。

5. 建筑

建筑的平面形态要符合建筑功能，总平面图中一般以简单的几何形状或几何形状的变体和组合来表达建筑。建筑的绘制要注意细节，以双线表示建筑轮廓线，外轮廓线要用粗线条。屋顶形态要着重表达，包括天窗、坡屋顶的屋脊线和坡向，还可以利用一些平台、连廊等增加建筑形态的灵活性（图 3-9 ～图 3-10 ）。

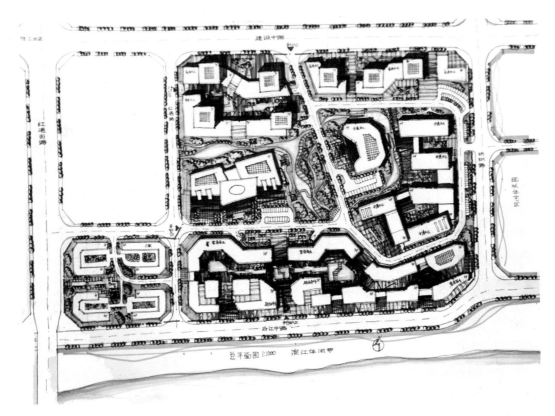

图 3-5　总平面图的表现内容

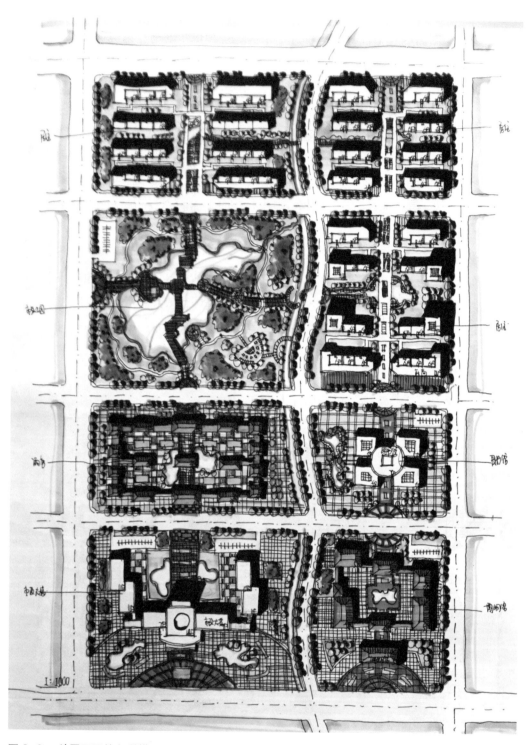

图 3-6　总平面图的色彩搭配
　　规划总平面可以采用不同的色系，但要注意整体的色彩协调，包括绿地、水系、铺地的颜色应具有统一性。

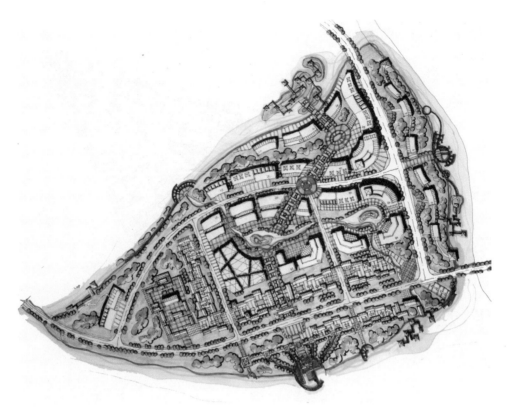

图 3-7 总平面图的色彩搭配

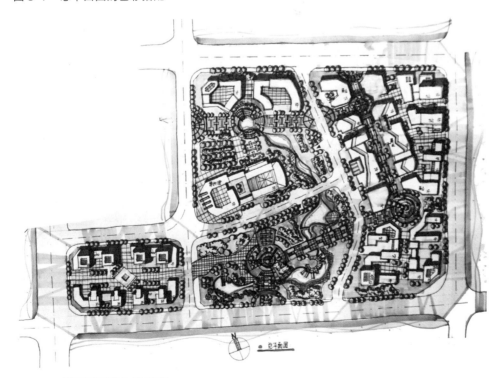

图 3-8 总平面图的色彩搭配

该设计方案整体色彩搭配比较协调，但对周边道路的渲染过多，稍显凌乱。

图 3-9 建筑屋顶平面图的表达

　　建筑的屋顶平面要体现出建筑的功能、形态、布局特点。在传统街区周边地区的规划中，为与传统风貌相协调，建筑尺度有限，屋顶以坡屋顶为主。

图 3-10 建筑屋顶平面的表达

　　在一般的城市中心地区中，大尺度的商业、办公类建筑以平屋顶为主，可适当表达天窗、中庭等设计元素。

6. 草坪（图3-11）

草坪是总平面的重要底色，占据总平面相当大的比例。草坪一般采用平涂的方式来表达，但在平涂时注意不要将草坪全部涂满，而应恰当地留白。可以选用两种以上的绿色表示草坪，增加草坪的层次感。草坪也是表达景观体系的重要手段，主要的景观轴线处的草坪可使用不同的颜色，使轴线更直观地凸显出来。草坪的颜色要与树木相区分。当草地带有一定坡度时，需要画出等高线，并用绿色的深浅变化表示坡度。

7. 水体

水体有自由的水面和规则的水池两种不同的形式。自由的水面特别要注意岸线的表达，岸线通常需要2～3条曲线来表现，表示岸线的坡度或沿岸步行

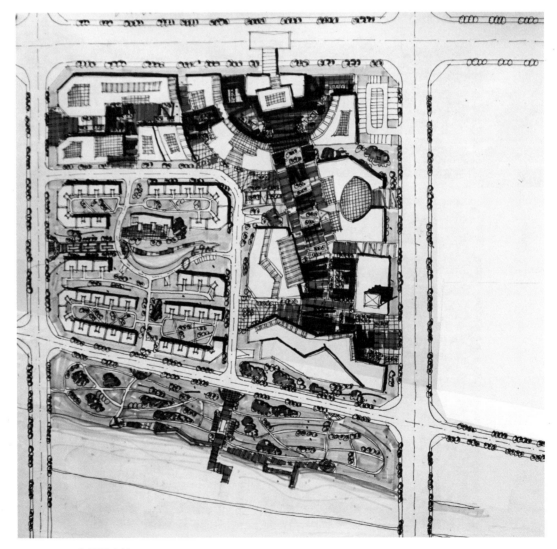

图3-11 草坪的表达

道，同时不同线条之间不要完全平行，应时近时远，这样可使水面显得非常自由、活泼。水面可采用平涂的方式，最好选择两种以上的蓝色表现水面的变化，其中水面中心地区颜色最浅，越靠近岸边颜色越深，岸线处还应用更深的蓝色画出阴影。水面的平涂同样需要留白，否者水面显得过于死板（图 3-12）。

8. 树木

树木包括行道树和绿地中的树木等不同类型。行道树沿道路两侧布置，种植方式以行列式为主。注意连续种植几株树木后间隔一定间距，再连续种植，车行道转角处不种植行道树。绿地中的树木可以采用行列式、群植、孤植、树阵等多种方式，具体需要依据绿地的类型和规划构思而定。如位于景观轴线上

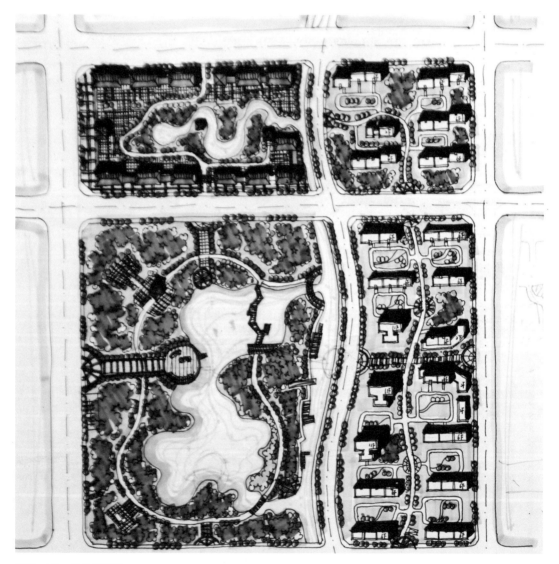

图 3-12　水体的表达

的树木往往要采用规则的、对称式的布置方式，以强化景观轴线的序列感。中心广场上的树木可以采用行列式或树阵的方式。绿地中的树木可以成组成群，也可以群植与孤植相结合，这种方式显得活泼自由。

9. 铺装

铺装既是行人通行的通道，也是分割界面的重要元素（图 3-13 ~ 图 3-14）。铺装需要用不同的颜色、不同的材质进行表达，画法丰富多样，具体要依设计而定。在表达铺装时需要注意铺装不要画的过于丰富鲜艳，喧宾夺主。铺装的表达需要区分重点地区和一般的场地、建筑出入口。在中心广场、重要的景观节点处的铺装可以采用相对丰富的图案，用多种颜色和线条吸引视线和注意力。

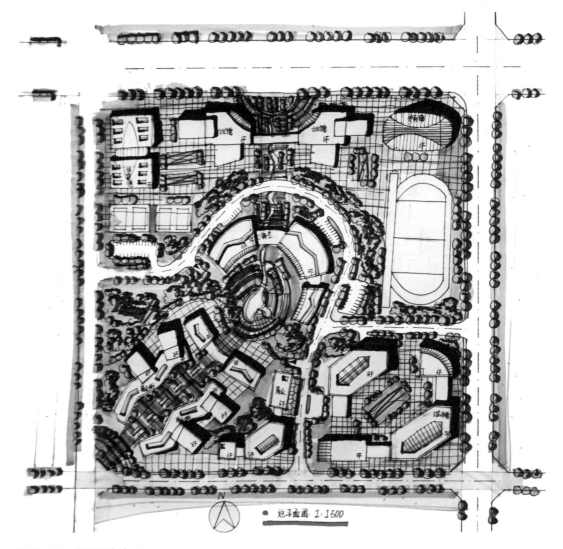

图 3-13　铺装的表达 1

该设计方案利用不同色彩和形态的铺装将景观轴线凸显出来，使整个规划结构更为清晰。但场地细节设计不足，场地和建筑的主次入口表达不清。

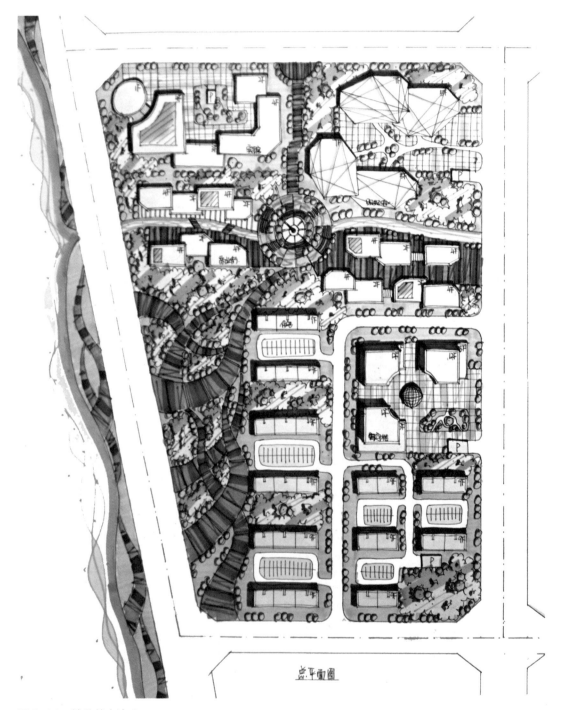

图 3-14 铺装的表达 2

　　该设计方案沿河建设滨河绿地和公园，整体规划结构比较清楚，但滨河绿地的铺装尺度较大，形态较为夸张，在整个总平面中略显喧宾夺主。

而一般的场地和建筑出入口处的铺装最好采用统一的、相对简单的网格状来表示，颜色也不要过于抢眼。设计者可以日常练习和记忆几种复杂的铺装的画法，用于重要的广场和节点处。

10. 文字标注

文字标注是图的补充,进一步说明规划内容。总平面图中必须要配有文字的,设计者要用简洁的方式将文字信息标注在图纸上,同时不干扰图面的整体效果。文字标注一般有以下几种方式,设计者需要根据实际情况进行选择。一种将信息直接写在总平面图上,一般的标注对象是建筑层数、建筑名称、建筑和场地的出入口、道路名称、标高等。这种方式最为清晰,但只能标注简短的内容。另一种是用引线的方式将内容用引线引至总平面图之外的空白处,这种方式可以标注较长的文字。但引线要整齐、横平竖直,不要使用斜线;线型要细,不要使用粗线,否则很容易破坏图面效果。引出的文字也要整齐的撰写。第三种方式是索引法,即在图纸中标记 1、2、3 等序号,然后在总平面以外的空白处按照序号写出相应的内容。这种方式对图面的干扰较小,但要注意标注内容不能过多,否则在评图时依次查找非常麻烦。

3.3.2　效果图表达

效果图主要用于直观地展现规划设计的立体空间效果,一般分为透视图、鸟瞰图和轴测图。徒手表达城市立体空间形态具有相当的难度,不仅要求设计者具备快速表现能力,更要具备一定的立体几何知识,如果空间关系出现变形的话是很难表达空间效果的。

快题考试中的效果图不同于日常设计,日常设计中的效果图往往使用电脑绘制,可以对单体要素的细部深入进行刻画,并快速复制粘贴;而快题设计由于时间有限,难以对大量的规划要素进行详细描绘,因此应以体现整体的空间结构关系、突出重点地区或建筑的形态为主,不要面面俱到。

绘制效果图的第一要点是要选择用哪种方式来表达整体效果。透视图、鸟瞰图和轴测图等都有自身的优点和缺陷,需要结合设计构思和自身的习惯进行选择。其中,透视图与人眼看到的实际场景相似,真实度高,表现性强,但绘制相对复杂,特别对于大尺度的规划用地来说,把握起来相对困难。透视图可以根据观察者所在的位置分为一点透视和两点透视。一点透视只有一个灭点,可以有效地表达轴线、入口、线性空间、街道空间等。两点透视有两个灭点,比一点透视复杂,但更能表现整体环境。但总体而言,一点透视和两点透视都是以人眼高度为视高,观看的范围注定有限,主要适用于观看小场景,因此也

方法与表达·规划快题设计

更需要注意建筑形体、细部和场地的设计（图3-15）。在规划设计中，如需要
表达一定用地面积内的整体建筑群体布局和空间结构，则需要选择更高的视角。
鸟瞰图视点较高，对整个规划地区能够全景俯瞰，能够反映整体的空间结构和
变化，普遍适用于规划设计（图3-16）。

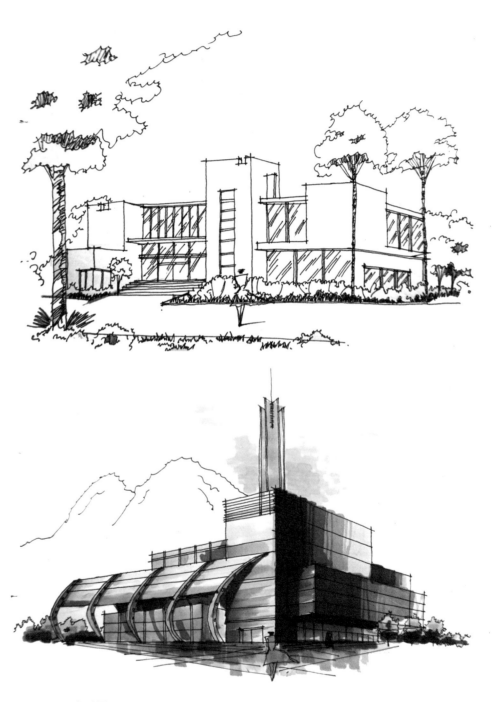

图 3-15　两点透视图

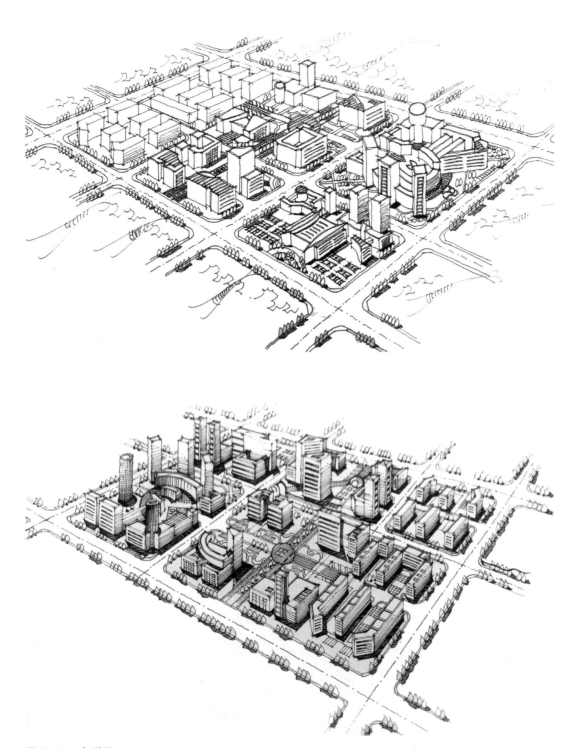

图 3-16　鸟瞰图

　　轴测图也是展示立体空间的一种方式，同时也适用于大场景展示，而且由于轴测图绘制简单，因此在快题设计中也十分常见。轴侧图是一种无灭点的立体图，是以轴侧投影的方法形成具有立体感的图形，能准确反映物体的形状和尺度。绘制轴测图时需要将总平面旋转一定的角度，一般是30°、45°、60°，之后根据建筑高度用丁字尺和三角板将其升起为立体图形，并隐去被遮挡的部分。当运用硫酸纸和拷贝纸来绘制轴测图时，可以直接将总平面进行旋转，再其上另铺一张图纸进行绘制，速度较快。但轴侧图不符合人眼的视觉效果，在绘制大尺度的场景时感觉是失真的，而且空间层次感欠佳。

　　总之，无论使用何种方式，都应注意选择观看的视角，透视的角度要能充分体现设计意图，并保证能看到设计的精华部分。

　　效果图的绘制一般采用以下步骤：首先选择合适的视角，其次按照透视或轴测图的画法将用地边界、道路、建筑形体用铅笔和墨线勾画出来，这里一定要保证透视的准确性。之后视时间长短进行深度刻画，此部分内容要突出重点，表现出近景、中景、远景的空间效果。一般而言，位于图面中心和前景部分的内容需要着重刻画，而规划结构的核心部分也应有一定的深度。图面的远景和一般的规划地区可以仅以建筑体块进行表达。细化内容包括建筑分层、建筑凸凹变化、主要立面的材质划分和虚实对比、屋顶形态、铺装样式、植物配置等（图 3-17 ~ 图 3-20 ）。

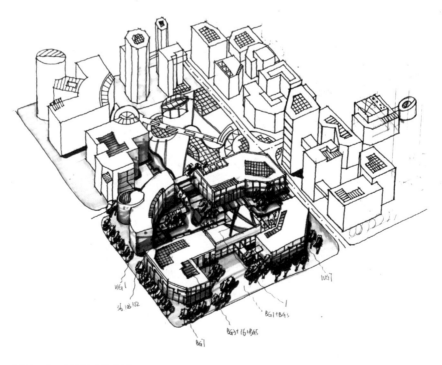

图 3-17　效果图的表达

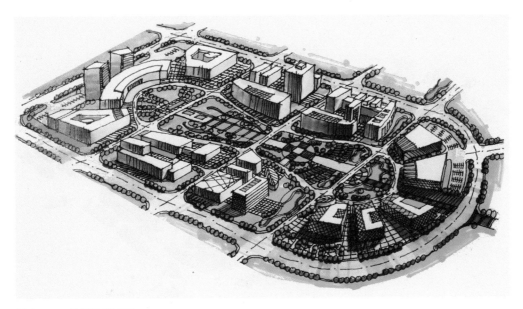

图 3-18　效果图的表达

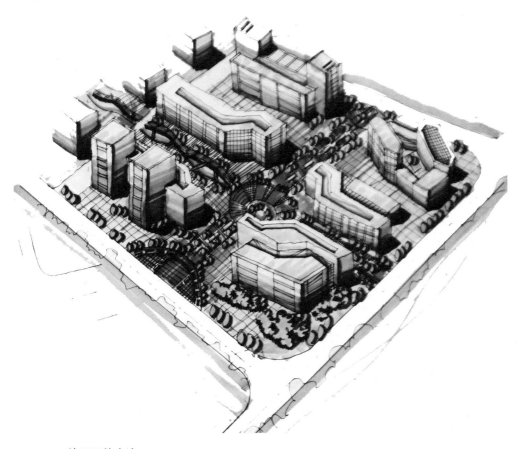

图 3-19　效果图的表达

图 3-20 效果图的表达

3.3.3 分析图表达

　　绘制分析图时首先应该确定分析图的数量、大小和位置。一般而言，分析图至少在 3 张以上，宜采用同样的大小，整齐地排列于图纸之上。分析图一定要具有统一性和整体感，包括同等大小的图名、图例，否则会显得画面很乱。分析图需要附有表达整体路网体系和建筑轮廓线的底图，而不要仅仅使用图解符号，否则图解符号与总平面图缺乏对应关系，无法让他人有效地理解设计。在画底图时，可使用铅笔或墨线，内容尽量简洁。

　　分析图主要通过各种图解元素包括点、线、面、圈、箭头等来表达，这些元素需要根据分析的内容来选择，每个元素都有不同的颜色和实与虚、粗与细、大与小的变化，在表达时应灵活使用（图 3-21）。

　　构思类分析图主要表达设计者的构思和设计过程，没有完全固定的模式，设计者可以灵活把握，但注意要让评审人能够看懂，不要过于炫技。现状分析图和图解分析图一般具有习惯性的、约定俗成的表达模式，设计者应该遵循行业规则，包括图形的选择和图例的标注等（图 3-22）。如功能分区图用不同的颜色表示不同的用地功能，一般黄色为居住区、红色为商业区。道路系统分析图要表达周边道路的主次情况，规划用地内部的主要车行道路、次要车行道路、主要人行道路、停车场等。不同等级的道路一般用不同的颜色、不同的粗细、不同的线型来表达。绿地系统分析图的图例一般是各级绿地、绿心、绿带、绿化渗透等。景观系统分析图则用不同的图形表示景观节点、景观轴线、视线通廊等。在绘制分析图时可以选用一些对比鲜艳、饱和度较高的颜色。

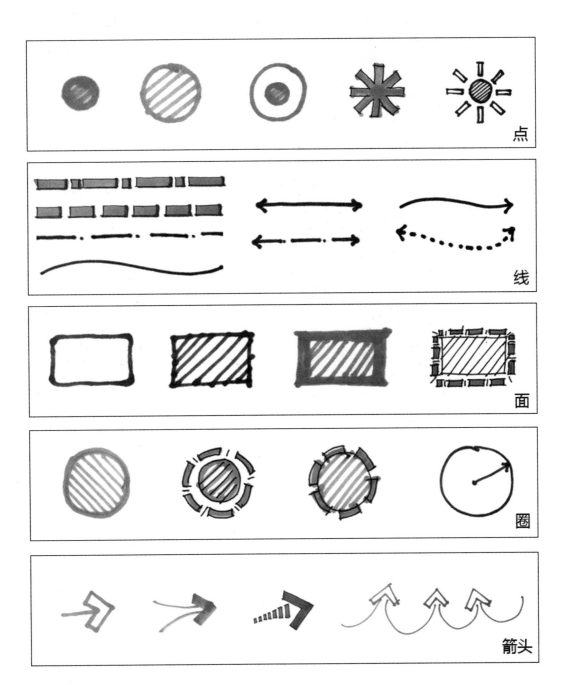

图 3-21 规划分析图的图解元素

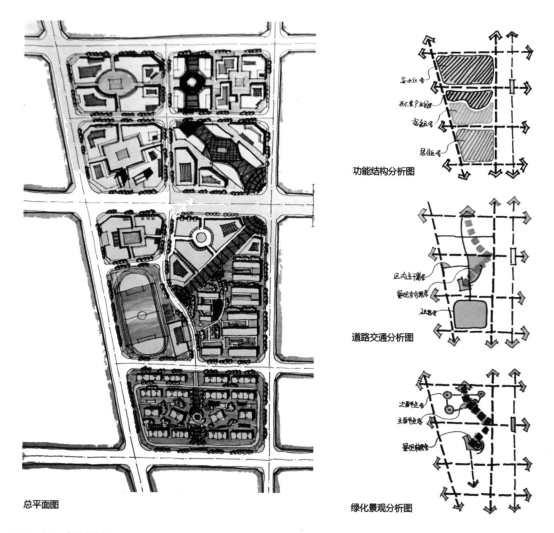

功能结构分析图

道路交通分析图

总平面图

绿化景观分析图

图 3-22　规划分析图

3.3.4　其他

　　快题设计中还可能包括其他图纸，主要沿街界面、节点详细设计等是常出现的图纸类型。沿街界面不同于建筑设计中的立面设计，主要表达一种街道景观和天际线，绘制时要重点表现建筑群体的高低起伏变化、屋顶形态、建筑界面的分层和虚实变化等。同时在设计时也应注意沿街界面的完整性和连续性。

　　节点详细设计是对总平面中的重点区域进行放大，进行更加深入设计。放大设计的对象往往是规划中的核心空间或景观优美的地区。节点设计的比例通常为 1∶500，因此需要更加细致的表现规划内容。其中，环境设计是节点设计的要点（图 3-23）。

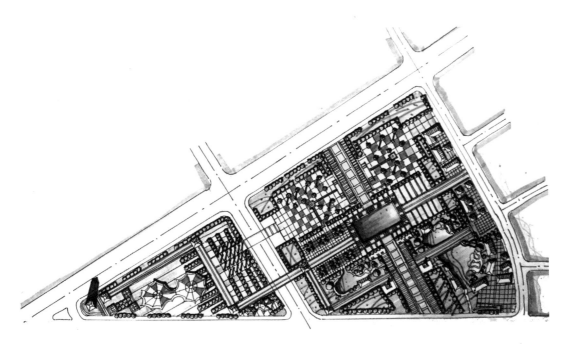

图 3-23　广场详细设计

第4章 │ 规划快题设计的案例评析

4.1 校园规划

题目类型：大学校园设计

题目规模：6.4 公顷

题目特点：华北城市，地形内部略有变化。

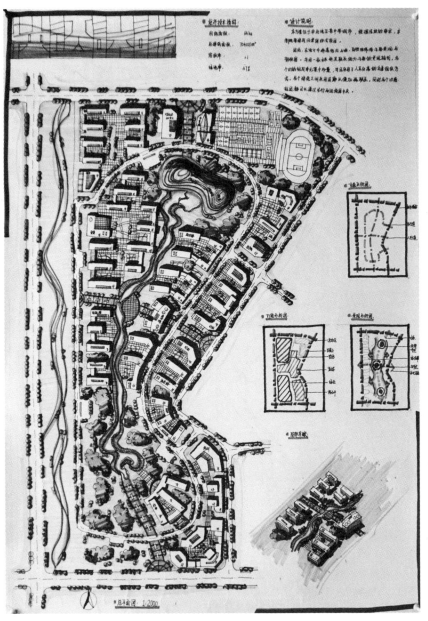

作业评析：

功能布局：方案规划结构完整，用地布局合理，环形路网连接各个组团，出入口采用对称式布局，水系贯穿核心区域，并与人行步道相结合，形成人车分流的交通组织形式，动静相宜。环线道路体系线型可以优化，需要增设一个机动车出入口。核心景观主轴略有欠缺，主入口不突出。建筑造型符合校园建筑设计要点，但是核心入校空间设计有所欠缺。建筑风格略显单一。缺少核心和主要建筑的刻画。

表现技法：图纸构图及表现尚可，色彩明快，图面清晰，总平面图山体绿地和主轴线表现不够突出。整体图面构图尚可，鸟瞰图不够突出，尺度偏小，刻画不够细致，未能反映出节点特色。分析图排版稍显混乱。

题目类型：大学新校区设计

题目规模：48.7公顷

题目特点：西南城市，基地三面被城市道路环绕

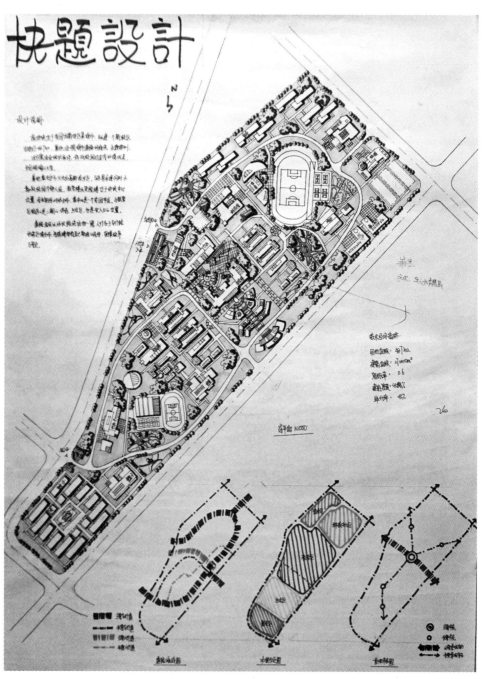

作业一评析：

功能布局：方案规划结构清晰，功能分区明确，建筑形体设计统一，但是建筑整体朝向有误，车行路网主次不清，步行系统不完善，主入口环境设计太过简单，北部宿舍区距食堂太远。

表现技法：图面表达基本清晰，构图均衡，主轴线表现不够突出，建筑阴影表现不对。

题目类型：大学新校区设计

题目规模：48.7 公顷

题目特点：西南城市，基地三面被城市道路环绕

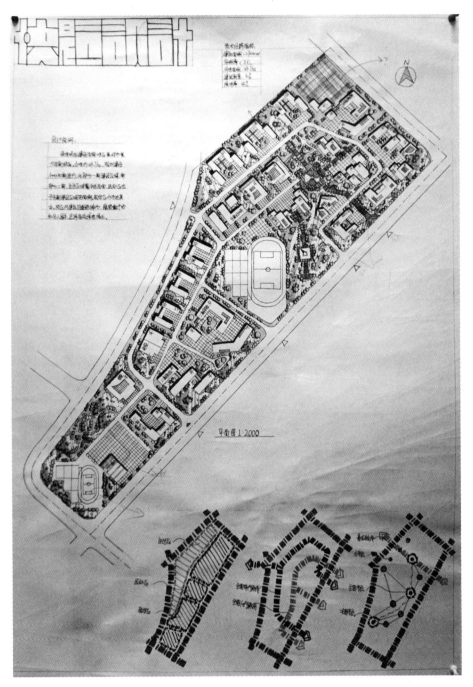

作业二评析：

功能布局：方案分区较为明确，路网主次分明。人车流线交杂，人行空间割裂，不连续，建筑形态较为统一，但部分建筑朝向不对，教学楼偏少，食堂位置不够合理，环境处理较为平淡。

表现技法：整体构图尚可，图面标注不清。

题目类型：医学院新校区设计

题目规模：16.8公顷

题目特点：北方城市，基地位于城市新区，东侧临河，内部地形不平整

作业一评析：

功能布局：方案规划结构合清晰、合理，道路交通组织有序，采用环状路网对称式布局，人车分流组织交通。建筑形态丰富、灵活，有整体性。运动场地距宿舍较远，整体与东侧水系联系较少。

表现技法：方案内容完整，图面清晰。整体图面构图尚可，鸟瞰图稍显粗糙，建筑刻画不够细致，部分建筑高度与平面图不符。

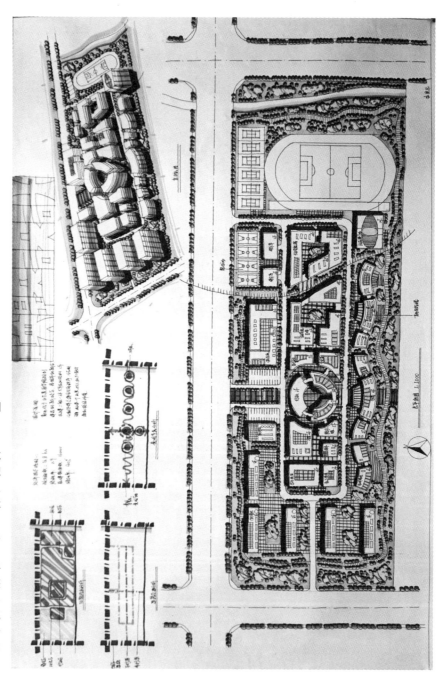

题目类型：医学院新校区设计

题目规模：16.8 公顷

题目特点：北方城市，基地位于城市新区，东侧临河，内部地形不平整

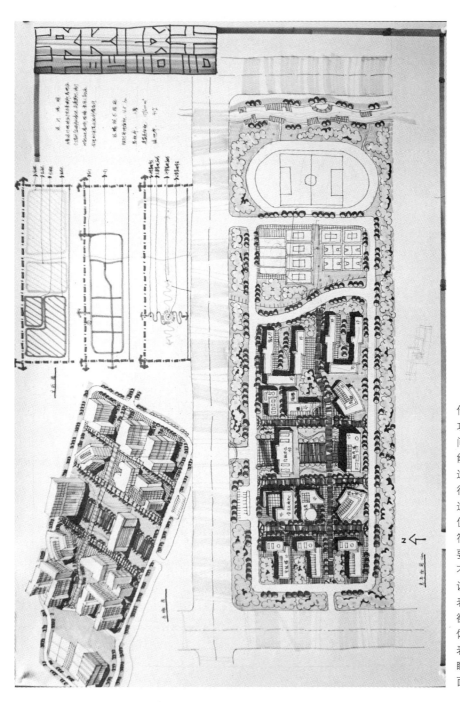

作业二评析：

功能布局：方案空间结构完整，各功能组团分布有序，运动场地偏大。步行路线不连续，与运动场地联系不便，建筑造型基本符合校园建筑设计要点，主入口景观不突出，入校空间设计有所欠缺。

表现技法：图面均衡，排布有序，整体图面构图尚可，表现稍显粗糙，鸟瞰图部分建筑与平面图不符。

题目类型：医学院新校区设计

题目规模：16.8公顷

题目特点：北方城市，基地位于城市新区，东侧临河，内部地形不平整

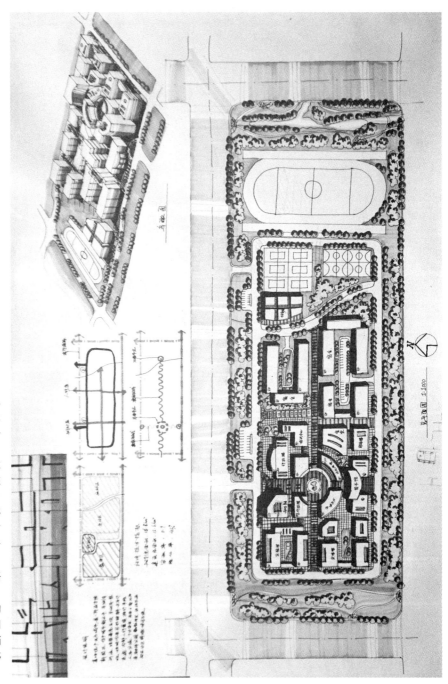

作业三评析：

功能布局：方案规划结构完整，功能布局清晰，环形路网解决车行交通，出入口采用对称式布局，建筑造型统一有序。食堂在中轴线上，位置不够合理，运动组团与生活组团之间人行空间割裂，主入口不够突出，景观略有欠缺。

表现技法：图纸构图及表现尚可，图面清晰，鸟瞰图稍显粗糙，刻画不够细致。

题目类型：医学院新校区设计

题目规模：16.8 公顷

题目特点：北方城市，基地位于城市新区，东侧临河，内部地形不平整

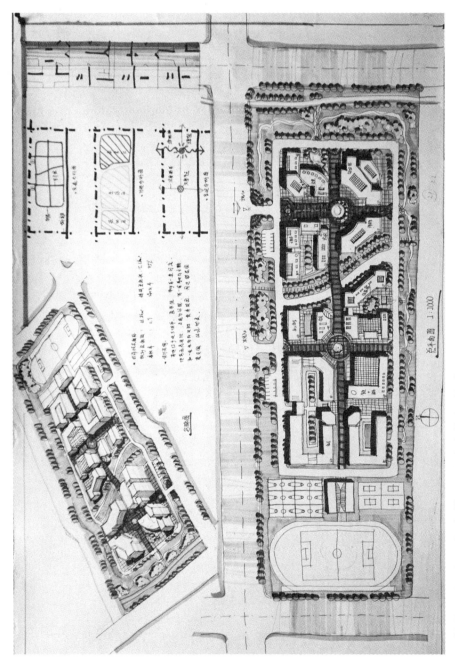

作业四评析：

功能布局：方案规划内容完整，路网组织清晰，但人车流线交杂。教学区面积偏小，生活区面积过大。建筑空间形体和环境组织较好，但建筑朝向、体量和围合方式需要考虑。结合周边环境引入水系，但景观塑造稍显平淡。

表现技法：整体图面构图尚可，局部均衡有序，鸟瞰图较为潦草，建筑刻画不够细致。

题目类型：医学院新校区设计

题目规模：16.8公顷

题目特点：北方城市，基地位于城市新区，东侧临河，内部地形不平整

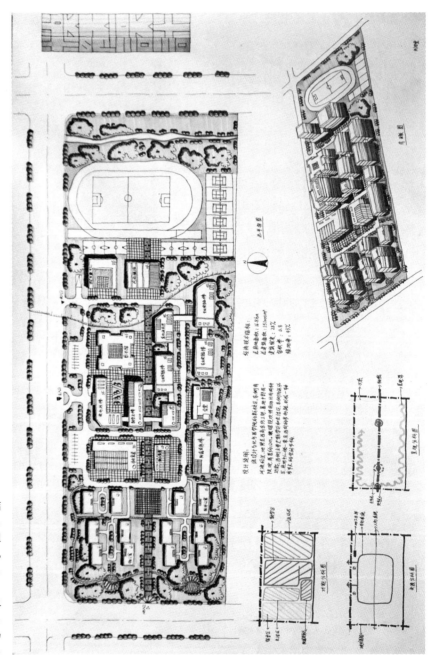

作业五评析：

功能布局：方案规划结构合理，功能布局清晰，分区明确，道路交通组织有序，建筑形态统一。生活区距运动区较远，与东侧水系联系较少。

表现技法：图纸构图及表现尚可，色彩清新，绿化景观表现较好，鸟瞰图建筑刻画不够细致。

4.2　中心区规划

题目类型：新城中心区设计

题目规模：42.8 公顷

题目特点：新城行政中心，东临河流

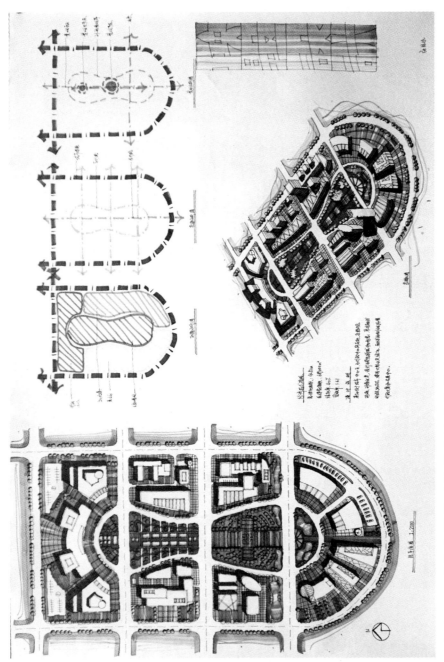

作业评析：

功能布局：方案以一条贯穿南北的公共绿地为中轴线连接北部的行政中心和南部的会展中心，东西两侧通过大体量公共建筑对中心开敞空间进行围合，有效地塑造了新城公共中心的整体形象。轴线设计整体丰富，环境设计较为细致。建筑形体丰富，群体组织合理。水系引入，增强了公共空间的亲和力。

表现技法：图纸构图及表现较为整洁、清晰，但图面标注不全。

题目类型：综合性文化广场设计

题目规模：8.71 公顷

题目特点：内蒙古自治区西部，规则地块

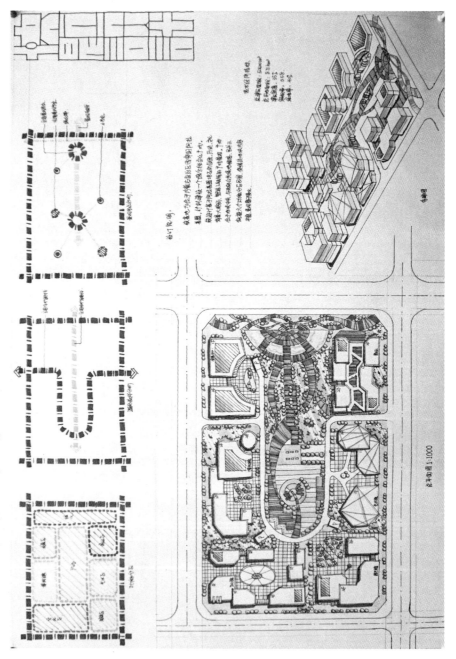

作业一评析：

功能布局：方案规划结构完整，布局合理，通过中心广场将6个板块有机连接在一起，景观变化丰富，道路交通组织有序，建筑形体统一。如将大型公共建筑与城市相结合，会更加提升城市的景观效果。

表现技法：图面内容清晰、干净，构图及表现尚可，鸟瞰图建筑刻画稍显粗糙。

题目类型：综合性文化广场设计

题目规模：8.71 公顷

题目特点：内蒙古自治区西部，规则地块

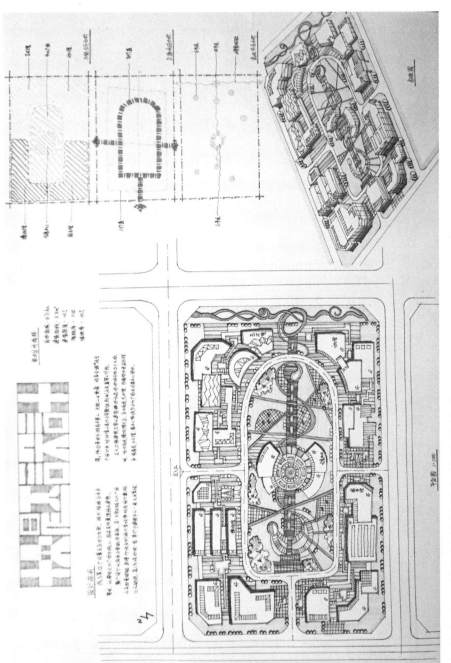

作业二评析：

功能布局：方案功能分区清晰，交通组织主次分明，各功能区之间通过中心广场实现有效连通，增强了可达性，充分利用城市资源，引入水源，增加了基地的景观效果。沿街建筑退让不足，特别是北部片区，不利于城市长远发展。

表现技法：图面均衡，排布有序，内容完整、着色淡雅。

题目类型：商业文化中心设计

题目规模：15公顷

题目特点：北方城市，基地内有水面

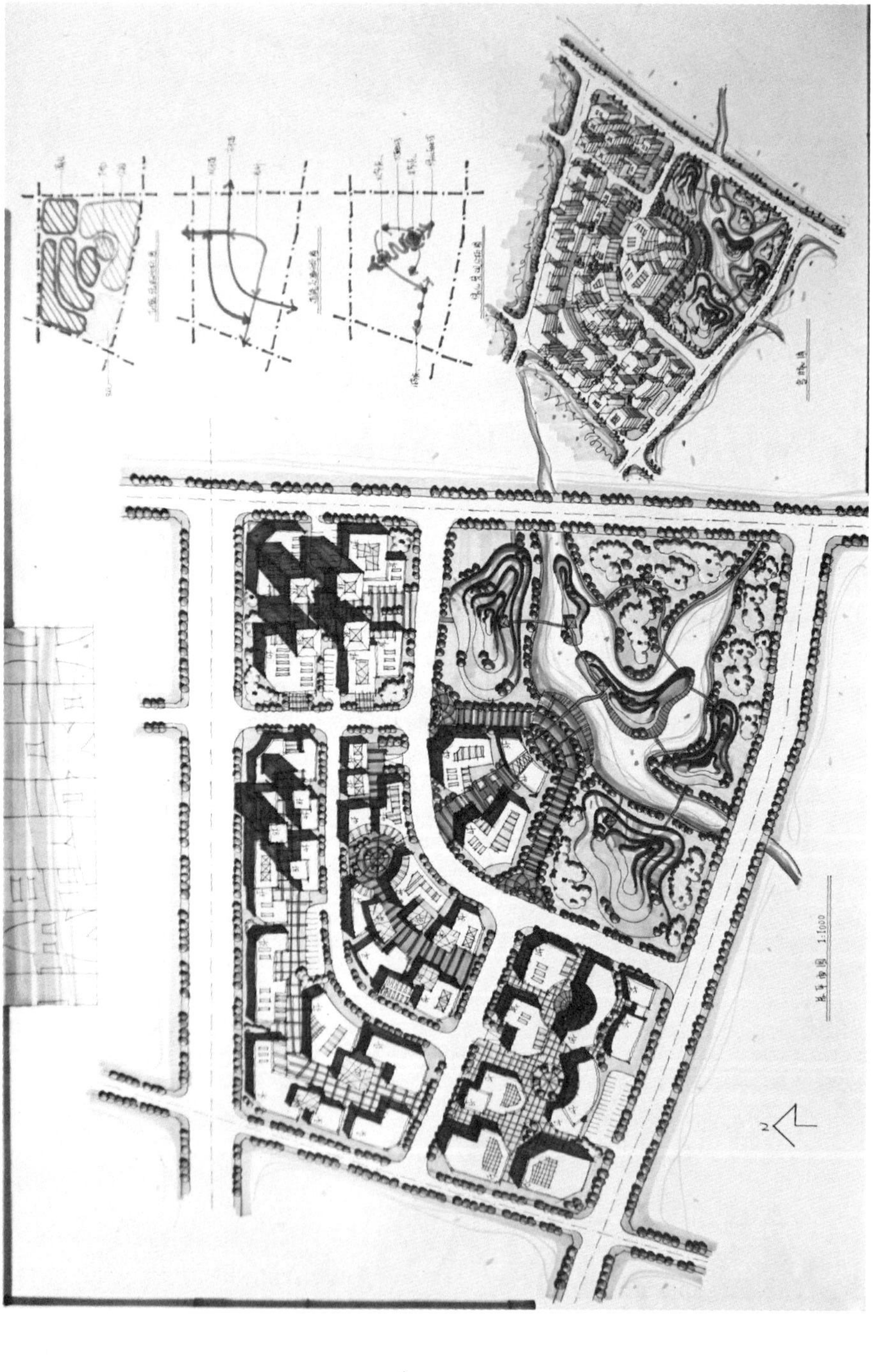

作业评析：

功能布局：方案规划结构明确，布局合理，采用半环形道路将商业、文化、广场等连接成整体，基地东南部形成与城市空间紧密联系的大型开放空间，并结合原有水系塑造出生动活泼的公共活动空间，建筑整体有序，采用人车分流的交通组织形式，但部分支路出入口不够清楚。局部功能安排和建筑高度设计尚需进一步推敲。

表现技法：图面清晰，着色恰当。总平面图表现较好，分析图绘制潦草，设计内容不完整，缺少必要的设计说明和技术指标。

题目类型：中心区设计

题目规模：11 公顷

题目特点：南方城市，附近有水系

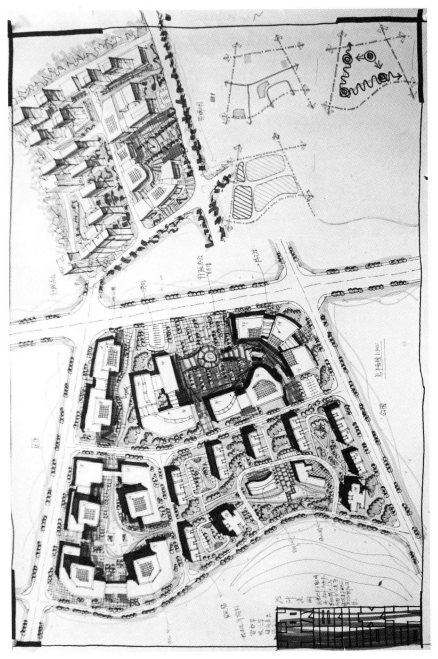

作业评析：

功能布局：方案功能布局较为清晰、合理，公共建筑形体组合关系较好，景观设计与空间设计结合较好，道路和交通组织需进一步梳理，幼儿园临近水面有安全隐患。

表现技法：图面布局不均衡，标注凌乱，缺少经济技术指标，分析图较为粗糙。

题目类型：文化艺术中心设计
题目规模：19.14 公顷
题目特点：城市文化空间

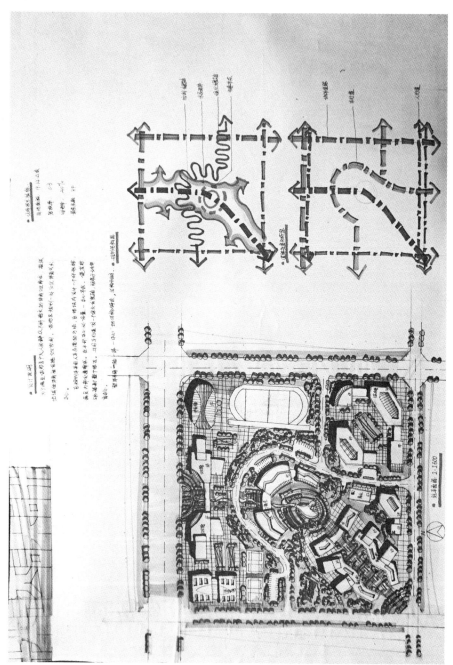

作业评析：
功能布局：方案整体功能组织较为清晰，人车分流，主要建筑沿步行轴线对称布置，半环形道路使空间较为生动，建筑形体和景观设计较为丰富，次一级路网稍有欠缺。
表现技法：整体构图较为有序，但设计内容不完整，缺少鸟瞰图，分析图偏大。

题目类型：城市中心区设计

题目规模：1.9 公顷

题目特点：北方城市，集休闲、餐饮、购物、娱乐为一体的商业街区

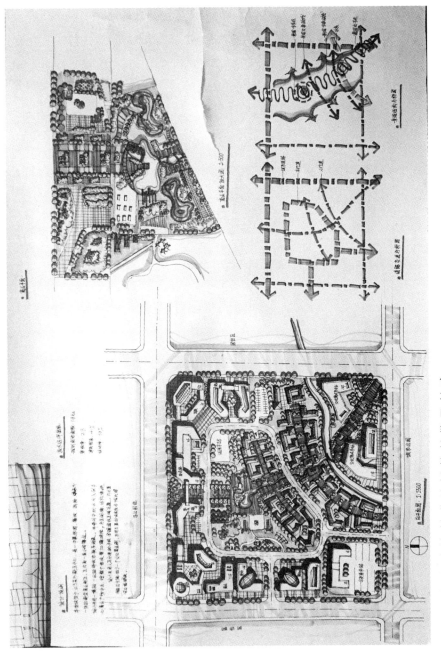

作业评析：

功能布局：方案采用内环式的路网形式组织交通并划分组团，功能结构较合理，南北向步行街为纵轴贯穿全区，依托现状河沟走势，设置商业步行街，并引水丰富景观。商业街建筑与周边建筑形态不够协调，各组团联系不够密切。

表现技法：整体构图排版较为有序，局部平面图与总平面图不太对照。

题目类型：县城商业街设计

题目规模：35.7 公顷

题目特点：北方县城中心，传统商业和公共区域

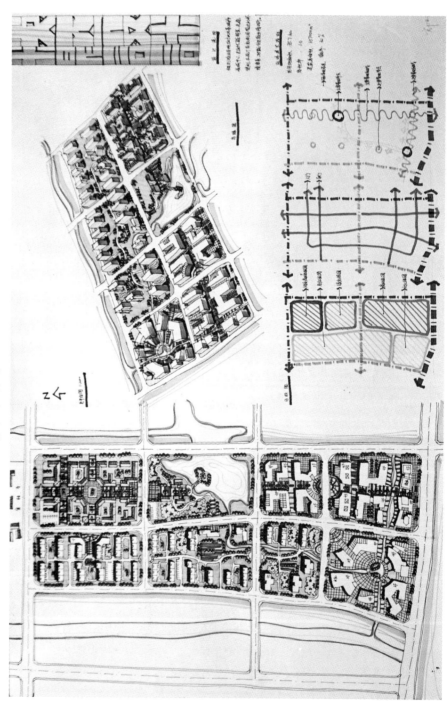

作业一评析：

功能布局：方案功能分区清晰，交通组织方便，能够有效利用周边现有条件，特别是将水系引入街坊，增加了整个项目的灵性。各功能区布局需进一步完善提升，居住、商业组团在停车、功能配套等方面需进一步提升。居住建筑可适当增加沿街商业，增加小区安全性。

表现技法：图面构图及表现较好，排版均衡有序，内容完整，鸟瞰图建筑刻画稍显粗糙。

题目类型：县城商业街设计

题目规模：35.7 公顷

题目特点：北方县城中心，传统商业和公共区域

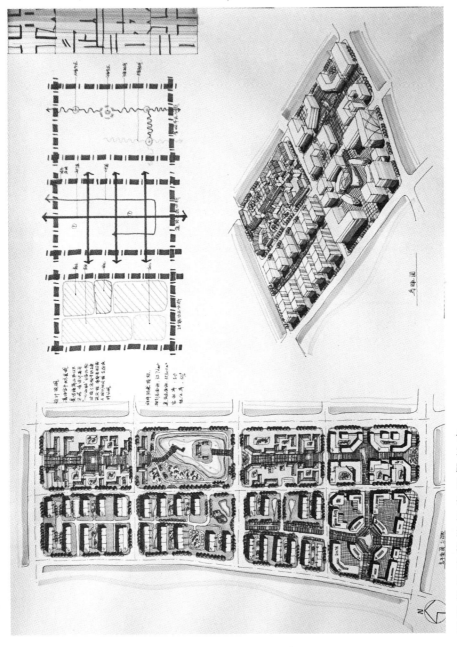

作业二评析：

功能布局：方案思路清晰，各功能区间相对独立，公共开放空间较多。居住组团与商业组团之间的互动稍有不足。商业没有形成规模，缺乏连贯性。

表现技法：图面完整，内容清晰，图面排版尚需优化。

题目类型：县城商业街设计

题目规模：35.7公顷

题目特点：北方县城中心，传统商业和公共区域

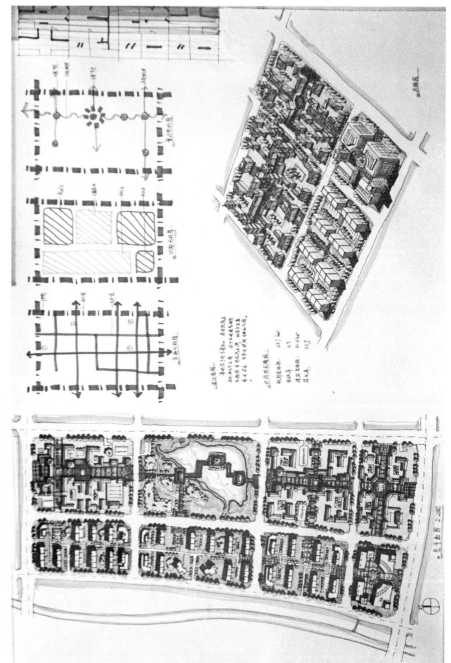

作业三评析：

功能布局：方案布局合理，交通组织完善，特别是商业组团通过步道将南北商业区连成一体，增加了项目的通达性，通过细节处理，将居住组团与商业组团实现巧妙连接。居住组团的安全私密性不高，不利于居住组团的管理。

表现技法：图面均衡，排布有序，建筑形态刻画能体现出特色。

题目类型：县城商业街设计

题目规模：35.7 公顷

题目特点：北方县城中心，传统商业和公共区域

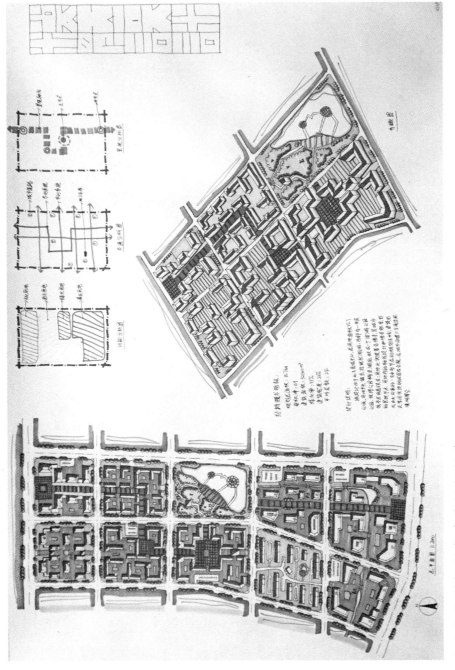

作业四评析：

功能布局：方案各功能区布局清晰，交通组织流畅，绿化空间较高，居住性较强。但项目容积率、建筑密度等不符合现行国家政策，需增加投资强度。

表现技法：整体构图表达尚可，图面色彩搭配需要进一步提升。

题目类型：中心商业街设计

题目规模：40公顷

题目特点：长方形、规整地块

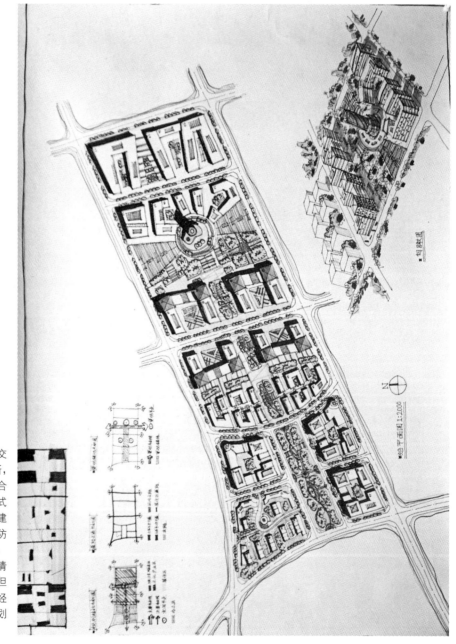

作业一评析：

功能布局：方案交通组织层次清晰，各组团间过渡合理。建筑整体形式单调，东侧产业建筑需充分考虑消防安全通道的处理。

表现技法：图面清晰，主题突出，但缺少必要的规划经济技术指标和规划说明。

题目类型：中心商业街设计

题目规模：40 公顷

题目特点：长方形、规整地块

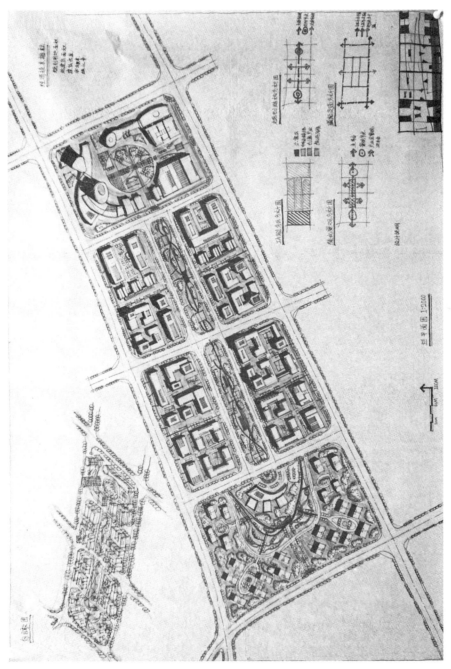

作业二评析：

功能布局：方案结构清晰，建筑布局灵活，特别是东侧旅游服务组团，建筑布局创新，增加了城市景观效果。主体建筑走向不符合一般坐北朝南的生活习惯，不利于采光要求。

表现技法：整体构图尚可，但经济技术指标标识不清晰，分析图较为粗糙。

题目类型：中心商业街设计

题目规模：40公顷

题目特点：长方形、规整地块

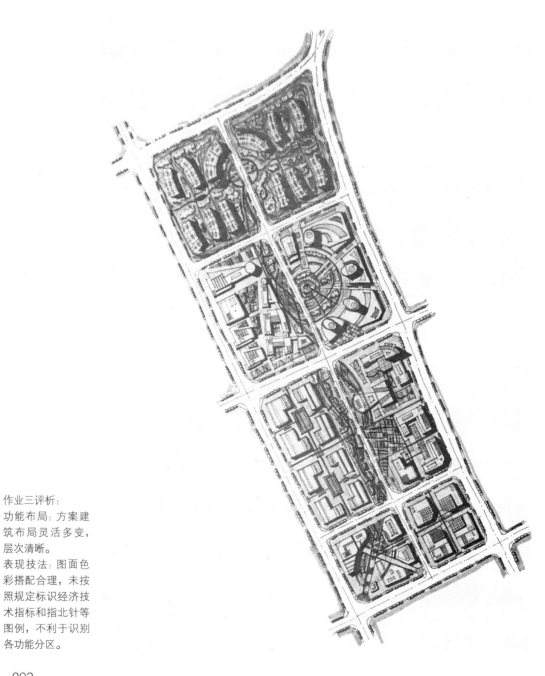

作业三评析：

功能布局：方案建筑布局灵活多变，层次清晰。

表现技法：图面色彩搭配合理，未按照规定标识经济技术指标和指北针等图例，不利于识别各功能分区。

题目类型：商业街设计

题目规模：50 公顷

题目特点：南方城市，基地内有保留建筑，中部有一条南北向河流

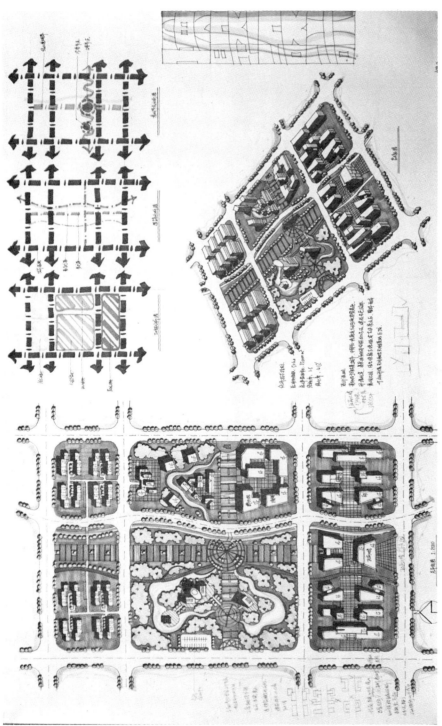

作业一评析：

功能布局：方案分区明确，功能布局较为合理，人行步道将各片区连接成一个整体，建筑形体比较统一。次级支路偏少，路网密度低，居住区面积偏小，南部地块建筑朝向错误，停车设置少。

表现技法：整体构图及表现较好，内容完整，排版有序，鸟瞰图建筑刻画不够细致。

题目类型：商业街设计

题目规模：50公顷

题目特点：南方城市，基地内有保留建筑，中部有一条南北向河流

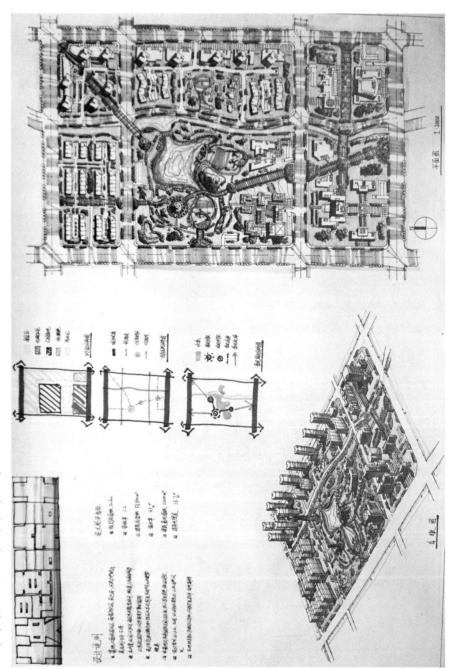

作业二评析：

功能布局：方案规划结构较为合理，机动车与步行线路组织有序，整体环境较为生动。但商业用地偏少且与公园绿化交叉混合，建筑形态与功能尚需考虑。

表现技法：内容完整，排版有序，分析图还可进一步完善。

题目类型：商业街设计

题目规模：50 公顷

题目特点：南方城市，基地内有保留建筑，中部有一条南北向河流

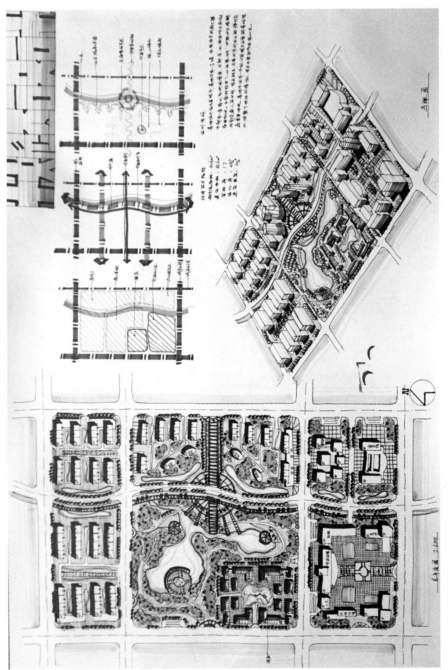

作业三评析：

功能布局：方案功能分区明确，路网设置基本可行，建筑形态基本统一。住宅用地面积偏大且建筑形式较为单一，行政办公区场地偏大，人行空间不连续。

表现技法：整体构图排版有序，色彩协调。

题目类型：商业步行街设计

题目规模：15 公顷

题目特点：上海市轨道交通沿线，基地内有地铁站，西侧有一条河流

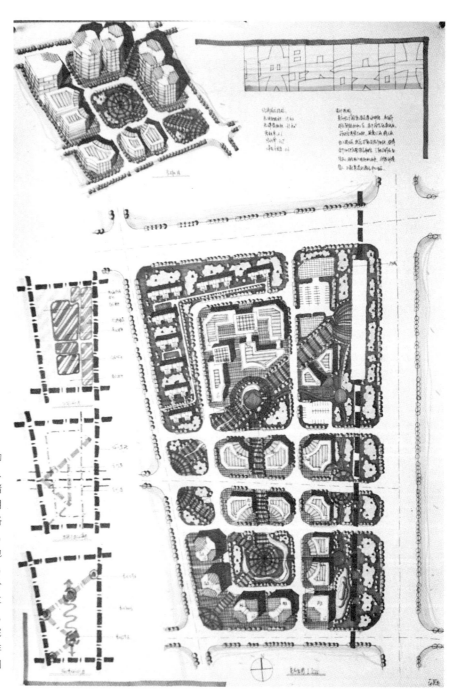

作业一评析：

功能布局：方案功能分区明确，居住、商业、商务、仓储各功能地块性质明确，通过矩形环路服务地块内交通，步行廊道贯穿各地块，建筑形体统一，整体感强。地块分割稍显零碎，停车位不足且距离较远。

表现技法：图面完整，内容清晰，排版有序，整体构图及表现较好。

题目类型：商业步行街设计

题目规模：15 公顷

题目特点：上海市轨道交通沿线，基地内有地铁站，西侧有一条河流

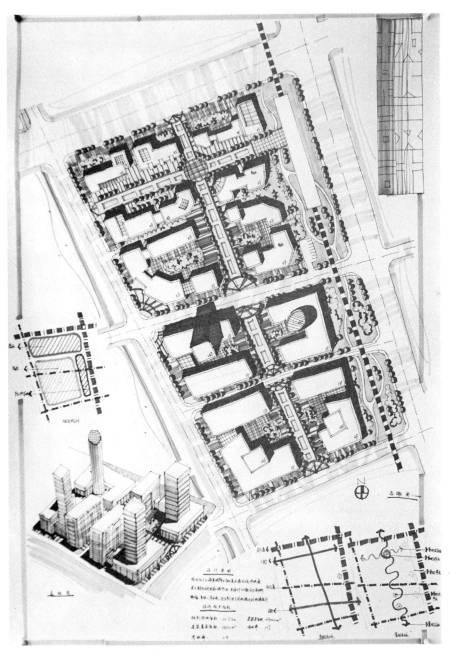

作业二评析：

功能布局：方案以一条贯穿南北的步行轴线与站前东西向轴线成十字交叉状组织区域内空间序列，轴线两侧建筑对称且围合布置，功能分区比较明确，道路交通组织较为合理。北部地块部分建筑机动车可达性较差，建筑体量偏大，停车位偏少。

表现技法：图面清晰，色彩协调，分析图排布稍显混乱。

题目类型：商业步行街设计

题目规模：15公顷

题目特点：上海市轨道交通沿线，基地内有地铁站，西侧有一条河流

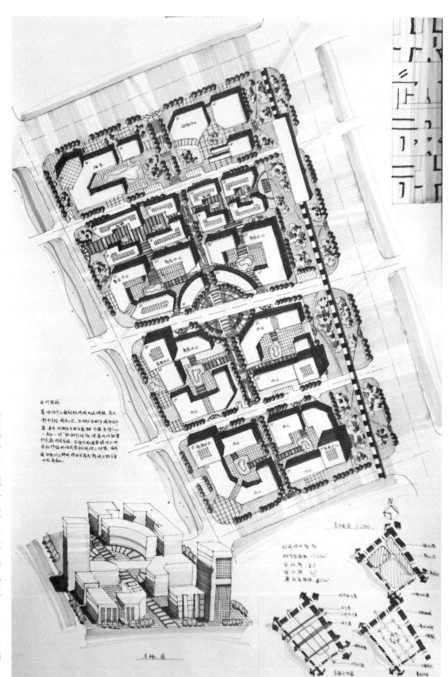

作业三评析：

功能布局：方案结构合理，道路交通组织有序，结合步行轴线打造空间中心，采用组团感较强的建筑群体围合形式，整体感较强。建筑形态缺乏创意，站前支路过窄，不利于人流集散，北部地块轻轨站与相邻的建筑体关系有欠考虑。

表现技法：图面内容整洁、清晰，色彩明快，分析图稍显潦草混乱。

题目类型：商业步行街设计

题目规模：15 公顷

题目特点：上海市轨道交通沿线，基地内有地铁站，西侧有一条河流

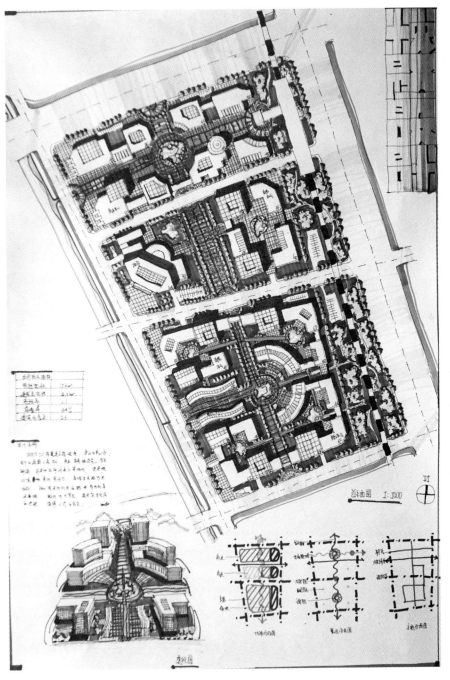

作业四评析：

功能布局：方案功能分区明确，空间结构合理，引河水入基地，在轴线相交处设置节点景观，与绿地、人行到有机结合，形成丰富宜人、充满活力的公共步行开放空间。南部地块停车位偏少，西侧绿化带内小路穿越轨道有安全隐患。

表现技法：图纸构图及表现尚可，排版较为有序。

题目类型：商业步行街设计

题目规模：15公顷

题目特点：上海市轨道交通沿线，基地内有地铁站，西侧有一条河流

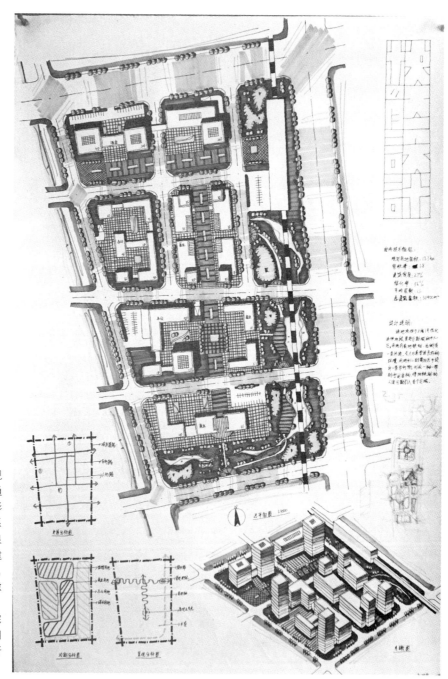

作业五评析：

功能布局：方案规划结构合理，交通组织有序，建筑形态统一，引入水系与绿地结合营造良好的景观环境。建筑形态略显单板，水系穿轨道需考虑可行性。

表现技法：内容完整，色彩协调，图面不够干净，分析图排版稍显混乱。

4.3　滨水地区规划

题目类型：滨河小城市中心区设计

题目规模：13.5 公顷

题目特点：南方城市，地铁站附近，南临河流

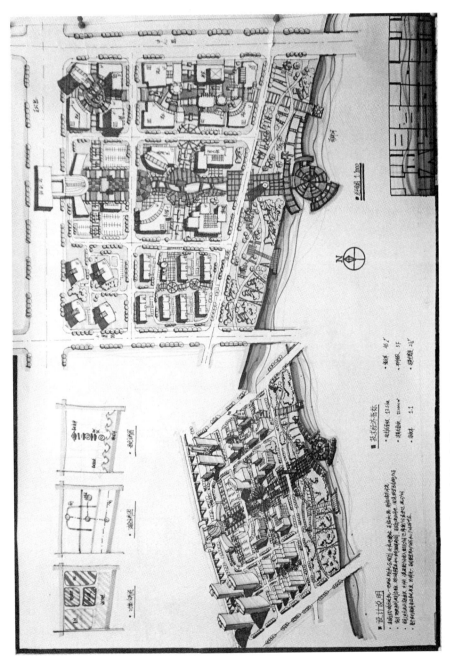

作业评析：

功能布局：方案功能布局清晰，交通组织合理，建筑形体的整体感较强，空间秩序较为明确，但两个居住组团被道路分割，联系较弱，北部住宅组团应考虑轻轨交通的影响和住宅朝向问题。

表现技法：图纸构图及表现尚可，分析图稍显粗糙。

题目类型：滨河中心区设计

题目规模：8.3公顷

题目特点：南方城市，两条河流交叉从基地内穿过

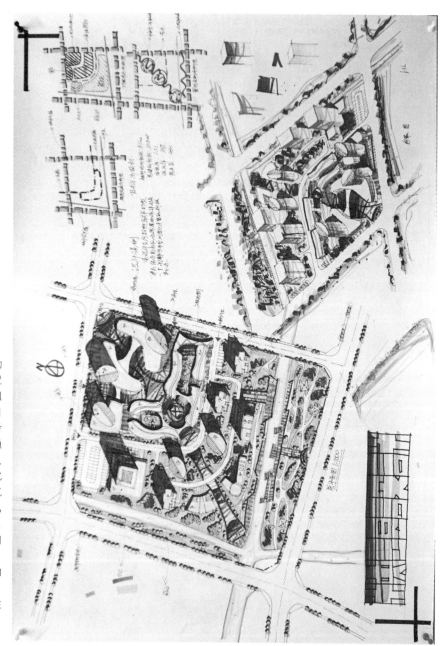

作业评析：

功能布局：方案功能组织和景观设置较为合理，交通组织有序，对基地自身和周边环境的考虑较为充分，并通过L形路网将商业、办公、居住、文化功能区分开，建筑形态整体关系较好。但停车位数量不足，建筑高度、朝向问题需要考虑。

表现技法：图纸构图及排版较为混乱，图面不够干净，标注凌乱，字迹不工整。

题目类型：中心区设计

题目规模：11 公顷

题目特点：大城市滨河重点地段

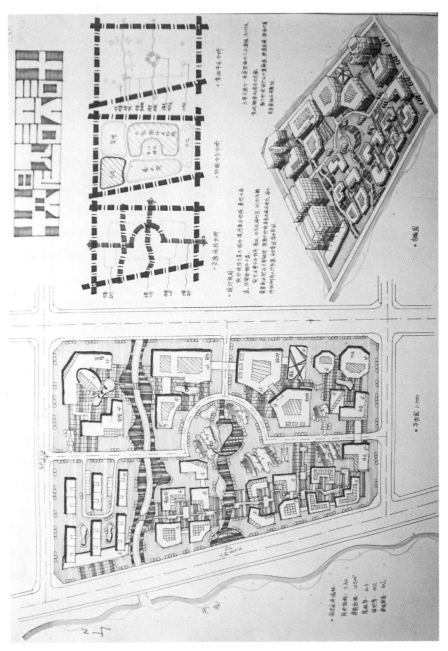

作业评析：

功能布局：方案整体功能布局清晰，分区明确，道路设置合理，人车组织有序，建筑形体的整体感较好，空间组织有秩序，景观设计灵活。北部住宅区道路应进一步细化完善，部分建筑机动车可达性较差，存在消防隐患，停车位配置偏少。

表现技法：图面整洁，着色淡雅，图纸构图及表现较好。

题目类型：滨水商业街区设计

题目规模：8.3公顷

题目特点：南方城市，滨水商业街区，基地内地势平坦

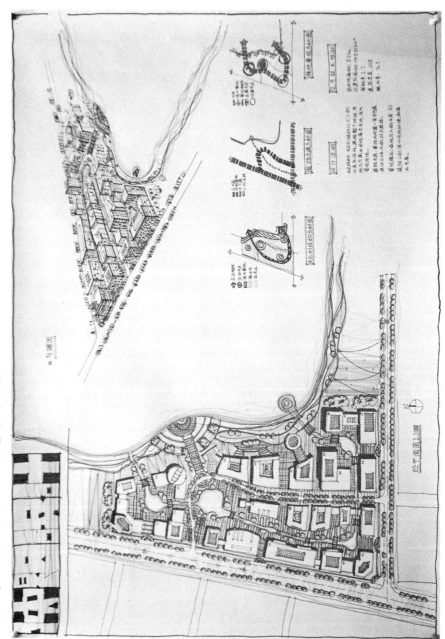

作业评析：

功能布局：方案整体功能布局较为合理，主要路网设计较为适用，建筑形体统一，景观结构明确。不足之处在于道路线形偏细，显得支路路面过窄，部分建筑的机动车可达性较差，停车设计考虑不足。

表现技法：图面均衡，排布有序，内容清晰，鸟瞰图视域选择偏大，刻画不够细致，分析图稍显粗糙。

题目类型：滨水城市公共中心设计

题目规模：12.6 公顷

题目特点：南方古城，东面临湖，湖西侧有庙为保留建筑

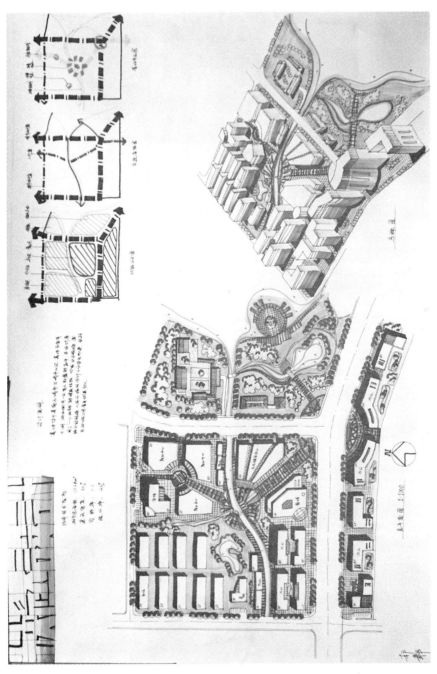

作业一评析：

功能布局：方案通过在城市干道交叉口四周设计街头圆形广场，将三个分散地块有机结合起来，有较强的整体性，但地块内部路网组织不够明确，缺少车行支路，跨河步道也较少，水系两侧来往不便。

表现技法：图纸构图及表现较好，内容清晰，着色恰当，排布有序。

题目类型：滨水城市公共中心设计

题目规模：12.6 公顷

题目特点：南方古城，东面临湖，湖西侧有庙为保留建筑

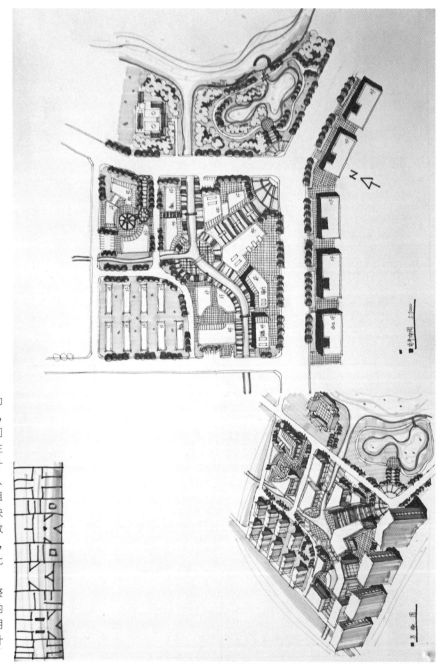

作业二评析：

功能布局：方案功能布局比较合理，建筑群体与空间形态较为生动，在河流交叉口设计休闲广场与水面、滨河步道有机组合，东侧滨湖地块设计为绿地开放空间，形态丰富，但东侧沿河南北两岸缺少联系。

表现技法：图面整洁，但缺少必要的分析图、设计说明和技术指标，设计内容不完整。

题目类型：滨水城市公共中心设计

题目规模：12.6 公顷

题目特点：南方古城，东面临湖，湖西侧有庙为保留建筑

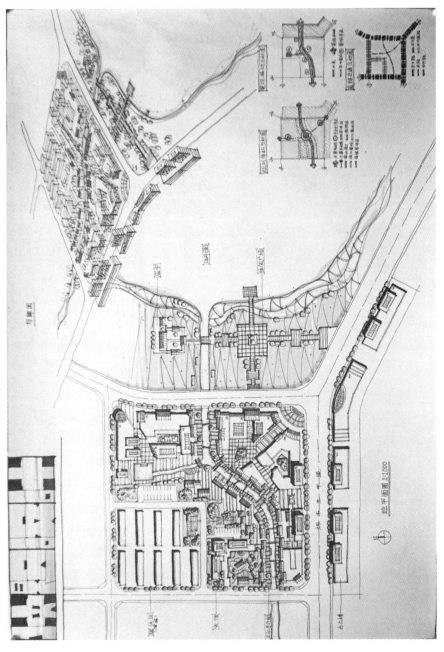

作业三评析：

功能布局：方案功能分区较为合理，但围合方式使各部分各自为政，整体性不强，道路组织不够合理，内部支路割裂了原保留居住区部分与整个地块的有机联系，南部主干道沿街建筑退让不够。

表现技法：画面整体风格淡雅，表现对象关系明确，但缺少设计说明和技术指标，分析图排版稍显混乱。

题目类型：滨河城市中心区设计

题目规模：11.6 公顷

题目特点：南方某城市，基地东侧有河流，西南路口处有地铁站

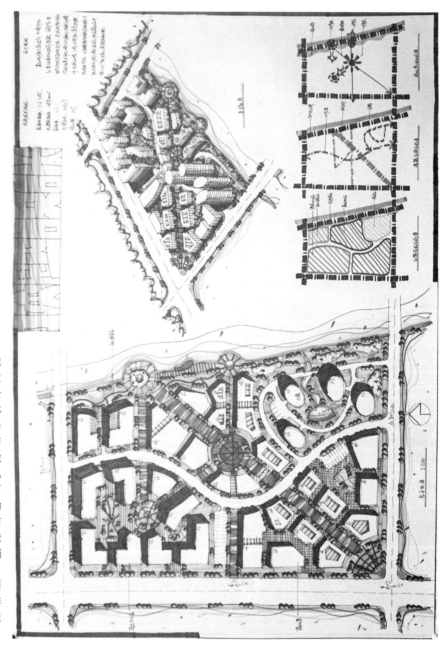

作业一评析：

功能布局：方案功能布局较为清晰，主要路网布置较为合理，建筑形态整体感较强，以步道为景观轴线，对称布置各建筑，沿河做开放空间亲水平台。局部地区机动车可达性稍差，主要功能建筑与西侧城市主干道的联系性较弱，停车场位置稍远，且数量不足。

表现技法：整体图面构图及表现尚可，排布较为有序，但稍显凌乱，不够干净。

题目类型：滨河城市中心区设计

题目规模：11.6公顷

题目特点：南方某城市，基地东侧有河流，西南路口处有地铁站

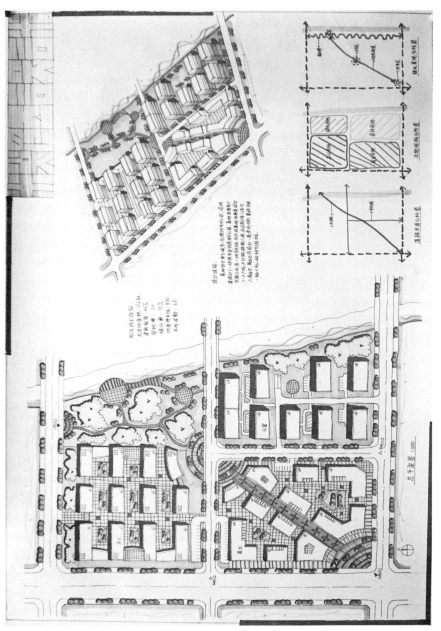

作业二评析：

功能布局：方案功能布局清晰，景观结构明确，主要路网设置基本能满足需要，建筑形体较为统一。中间跨水系道路需考虑可行性，建筑空间和场地的结合度较弱，各地块自成组团，区域整体联系较弱。

表现技法：整体内容整洁，构图完整，图面均衡，色彩协调，建筑刻画不够细致，建筑样式稍显呆板。

题目类型：滨河城市商业中心区设计

题目规模：11.3 公顷

题目特点：南方城市，地势平坦，西侧有河流

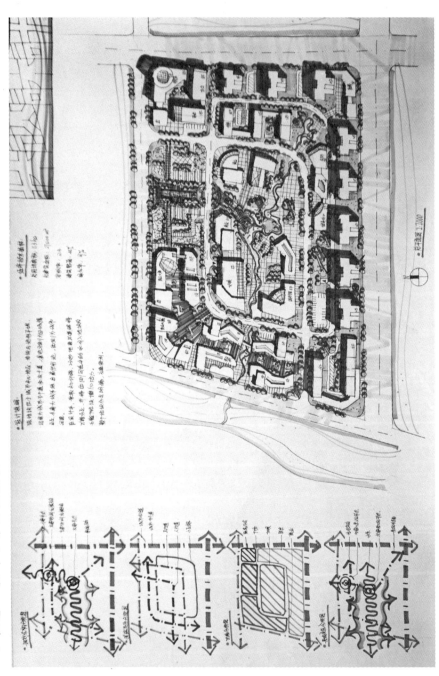

作业一评析：

功能布局：方案分区明确，采用环形路网组织交通并划分组团，营造了丰富的内部空间，功能结构合理，引水入地块，中部文娱用地结合广场设计，整个空间具有层次感。

表现技法：图面均衡，排布有序，但设计内容不完整，缺少鸟瞰图。

题目类型：滨河城市商业中心区设计

题目规模：11.3公顷

题目特点：南方城市，地势平坦，西侧有河流

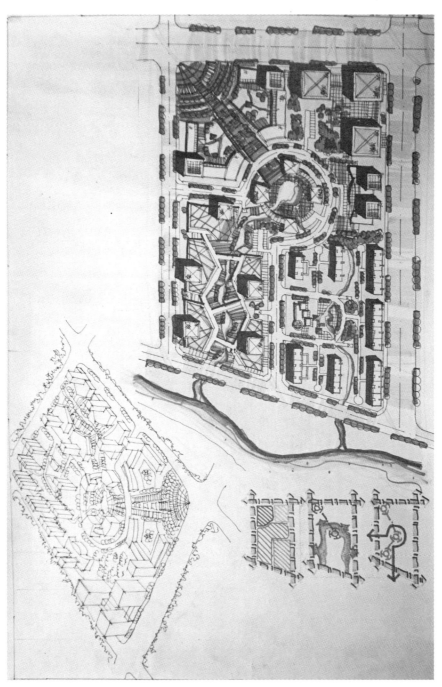

作业二评析：

功能布局：方案分区明确，功能布局与结构清晰，采用半环形路网组织交通，引入水系，营造丰富空间环境。停车设计考虑不足，小区主要出入口人车关系不够明确。

表现技法：设计内容不完整，缺少必要的文字说明、技术指标以及图例等。

题目类型：滨河城市中心区设计

题目规模：12.8公顷

题目特点：北方城市，东北侧有河流

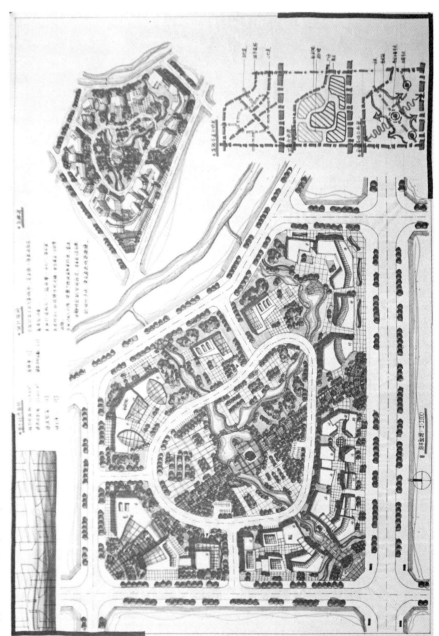

作业一评析：

功能布局：方案采用环形路网，将地块内部划分为5个组团，整体功能结构较为清晰，动静分区明确，将河流引入街区，加强了与周边环境的联系，并通过步道、绿地等开放空间把商业、文化娱乐、市民广场等功能连接起来，人车分流组织较好。不足之处在于整体功能布局不够合理，商业空间缺乏连贯，不利于商业街的形成，影剧院前缺少集散广场，不利于城市交通组织，整个地块容积率较低。

表现技法：整体构图及表现较好，排布有序，内容完整，鸟瞰图稍显粗糙。

题目类型：滨河城市中心区设计

题目规模：12.8 公顷

题目特点：北方城市，东北侧有河流

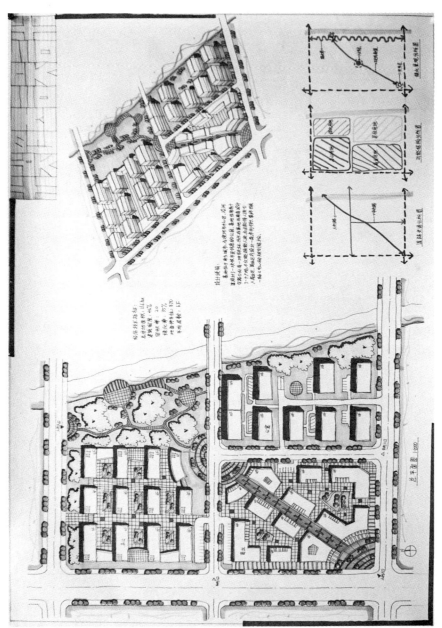

作业二评析：

功能布局：方案功能分区明确，交通组织合理，将居住、商业、办公整体考虑，实现了居住、工作、购物一体，满足办公环境的需要。部分高层建筑退让不足，停车位较少，居住区配套设施缺少，建筑布局不够灵动，没能很好地发挥水的功能。

表现技法：整体构图较好，内容清晰，着色淡雅，排布有序。

题目类型：滨河城市中心区设计

题目规模：12.8 公顷

题目特点：北方城市，东北侧有河流

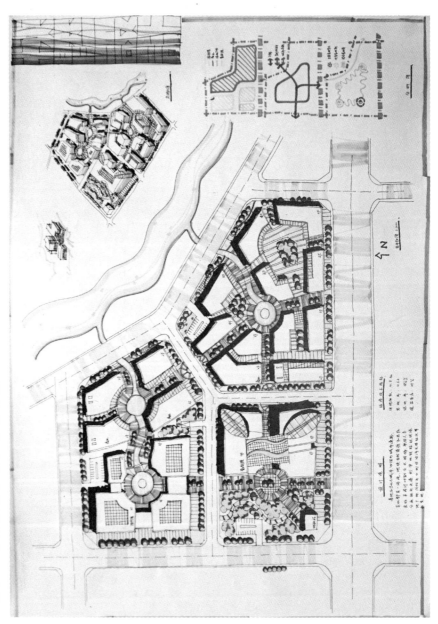

作业三评析：

功能布局：方案功能分区明确，采用人车分流组织交通，道路设置合理，建筑群体和谐有序，河流引入片区，与步行系统结合，创造灵活的景观。围合式的建筑组织形式使三个片区各成组团，不利于整体商业氛围的形成，地面停车位配建不足。

表现技法：内容整洁、清晰，整体构图及表现较好。

题目类型：滨河城市中心区设计

题目规模：12.8 公顷

题目特点：北方城市，东北侧有河流

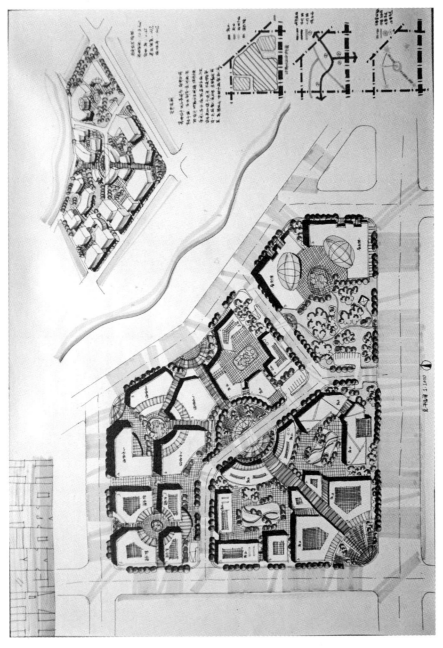

作业四评析：

功能布局：方案功能结构明确，道路采用围合式建筑组织形式和人车分流的交通组织模式，建筑形态和景观处理较好。部分沿街商业建筑退让不足，停车位偏少。

表现技法：图面均衡，色彩清新，但鸟瞰图建筑刻画不够细致。

题目类型：滨河城市中心区设计

题目规模：12.8公顷

题目特点：北方城市，东北侧有河流

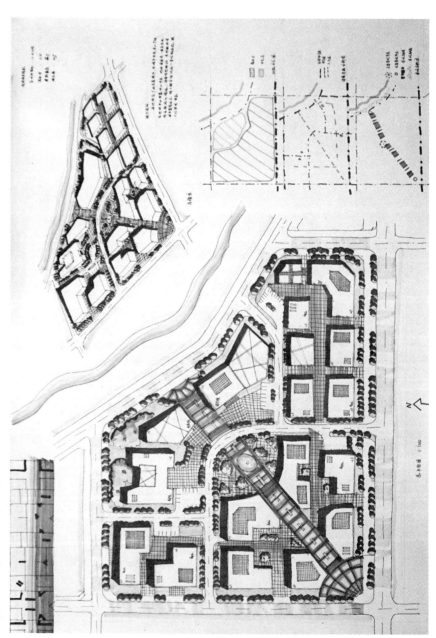

作业五评析：

功能布局：方案功能分区明确，组织清晰，以步道为轴线对称布置，形成视觉廊道，建筑整体组织有序。与外部河流结合不够密切，停车场地不足。

表现技法：内容完整，绘图工整，但建筑形体略显呆板。

题目类型：滨河城市中心区设计

题目规模：12.8 公顷

题目特点：北方城市，东北侧有河流

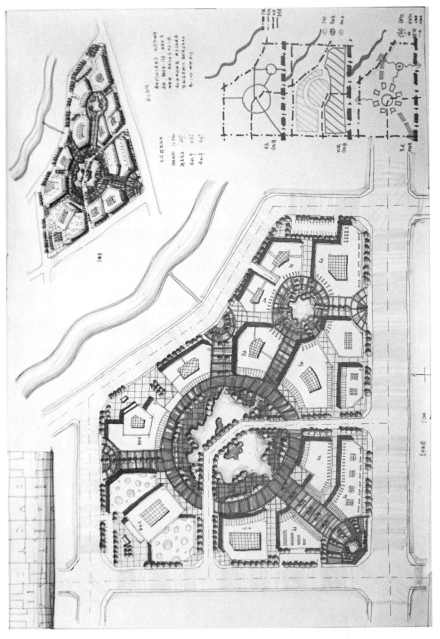

作业六评析：

功能布局：方案功能组团秩序清晰，交通组织明确，引入水系，形成人工景观的步行廊道和休闲活动场地，建筑组合设计具有整体性，中心广场尺度偏大。

表现技法：整体构图及表现较好，内容清晰，图面完整。

题目类型：滨河城市中心区设计

题目规模：12.8公顷

题目特点：北方城市，东北侧有河流

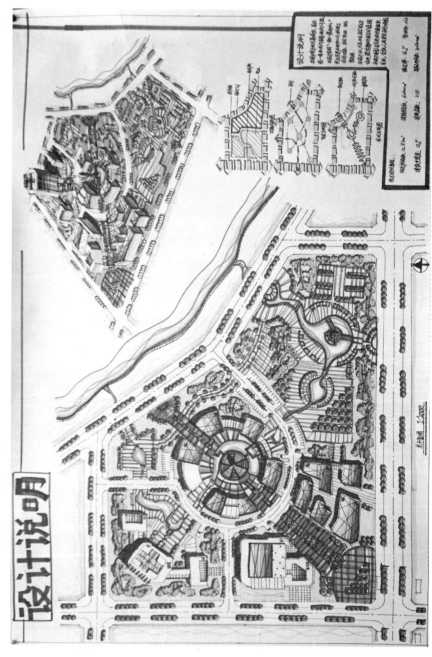

作业七评析：

功能布局：方案整体空间形态丰富，设计手法灵活，结构清晰，通过步行廊道打造景观轴线，结合半环形路网，形成中心景观，与城市水系结合布置，营造多样化步行空间。

表现技法：图面均衡，排布有序，建筑形态刻画不够细致。

4.4　产业园区规划

题目类型：工业园区设计

题目规模：10.2 公顷

题目特点：华南城市，基地内有高压线通过

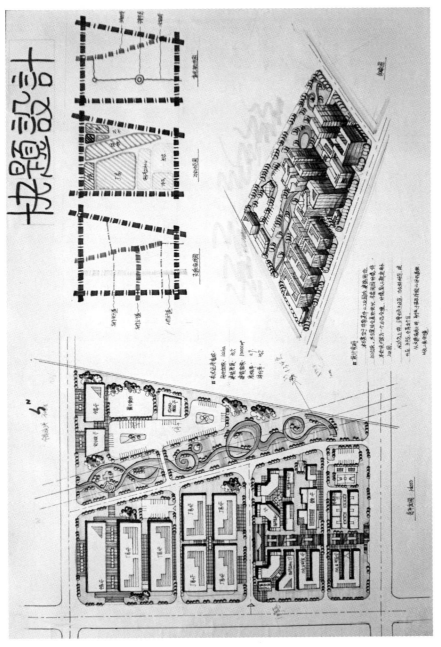

作业一评析：

功能布局：方案规划结构完整，用地布局较为合理，主要路网设计基本适用，建筑形体整体感较强，整体环境景观设计较为丰富。建筑间距偏小，过于紧凑，建筑形体应考虑实用性，道路体系线型可以优化，西侧主干道开口过多，会对城市交通产生干扰，东北角仓库对外联系不便，停车场距办公、生活区较远。

表现技法：方案整体表现较好，色彩淡雅，图面均衡。鸟瞰图稍显粗糙。

题目类型：工业园区设计

题目规模：10.2公顷

题目特点：华南城市，基地内有高压线通过

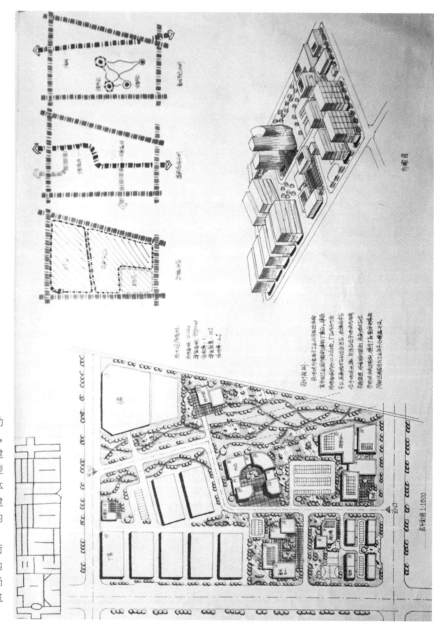

作业二评析：

功能布局：方案整体功能布局清晰，分区明确，路网设计基本适用，建筑形体简单。交通线型不够流畅，厂房建筑体量、间距需要考虑，建筑界面及街道景观的效果较差。

表现技法：方案图面均衡，排布有序，内容清晰，整体构图尚可。厂房、仓库建筑形态刻画过于粗糙。

题目类型：工业园区设计

题目规模：10.2 公顷

题目特点：华南城市，基地内有高压线通过

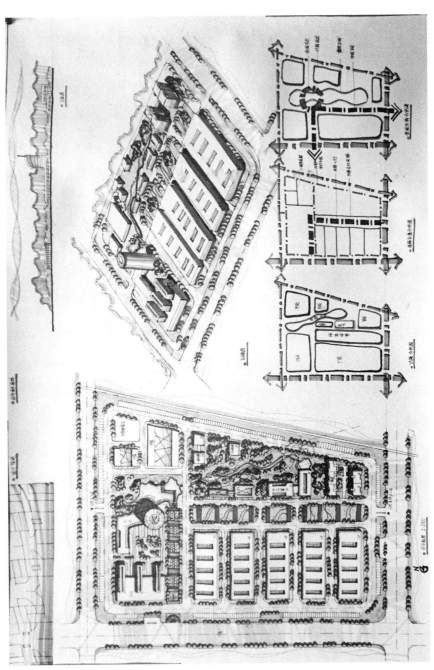

作业四评析：

功能布局：方案整体功能布局清晰，路网设计基本适用，建筑形体设计关系较好，整体环境景观设计较为丰富。展示中心过于内置化，宿舍距高压线太近且距办公区较远，在城市主要道路沿线设置厂房，影响城市街道景观。

表现技法：方案图面清晰，着色恰当，排布有序，整体表现较好，但缺少必要的设计说明和技术指标。

题目类型：文化产业园区设计

题目规模：11.5 公顷

题目特点：苏南城市，西南临河，且有支流从基地内穿过

作业一评析：

功能布局：方案功能组织合理，以步行道为轴线和半环形路网进行空间架构，与延河人行景观带相连，功能分区明确，主干道路网设计较为适用，建筑形体设计统一，空间组织的整体性较强。停车位集中布置距离销售、办公区域较远，使用不便。

表现技法：图纸构图及表现尚可，内容清晰，色彩协调，图面排布可以更优化一些。

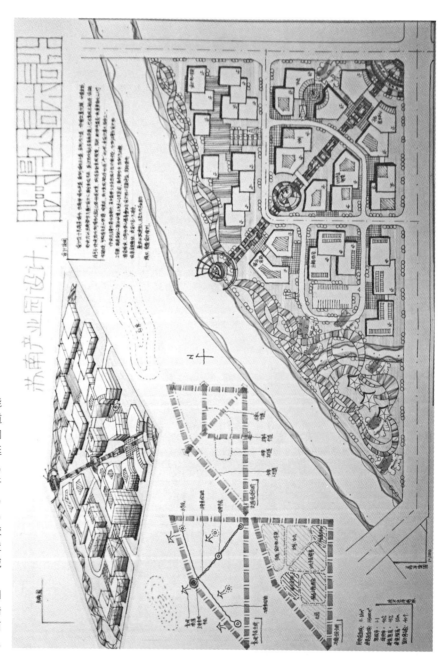

题目类型：文化产业园区设计

题目规模：11.5 公顷

题目特点：苏南城市，西南临河，且有支流从基地内穿过

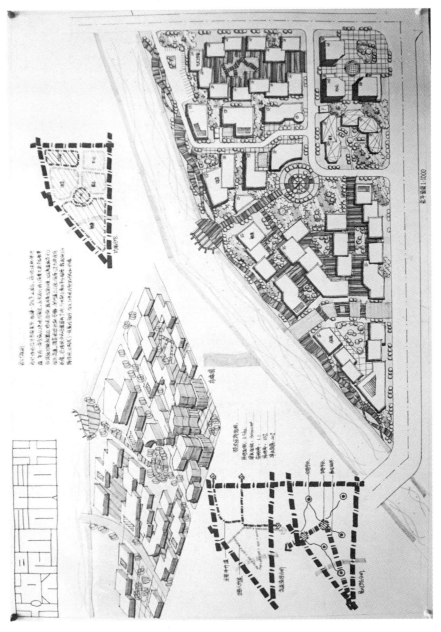

作业二评析：

功能布局：方案功能布局较为合理，广场和亲水平台以步行道连接构成景观轴线，建筑形体较为统一。不足之处在于道路组织不够流畅，路网密度偏低，销售区域偏大且机动车可达性较差，人行空间割裂，不连续。

表现技法：图纸构图及表现尚可，内容整洁，分析图排版不够有序。

4.5 旧城区更新规划

题目类型：旧城中心区更新设计
题目规模：79公顷
题目特点：旧城中心区重点地段，地势平坦，东侧临河，基地内有保留建筑

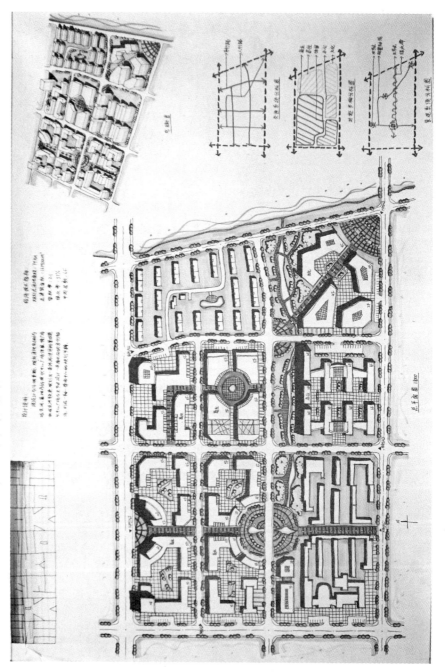

作业一评析：
功能布局：方案考虑保留建筑的利用与整体环境的协调，引城东河之水形成内部水系步行空间，建立广场与水系的联系，构成较为丰富的空间体系，功能布局与结构清晰。但建筑群体与空间形态设计粗放，住宅地块内部道路组织不明确，静态交通处理有待完善。
表现技法：图纸构图及表现尚可，居住区部分刻画过于简单，内部支路不明，鸟瞰图建筑刻画粗糙。

题目类型：旧城中心区更新设计

题目规模：79 公顷

题目特点：旧城中心区重点地段，地势平坦，东侧临河，基地内有保留建筑

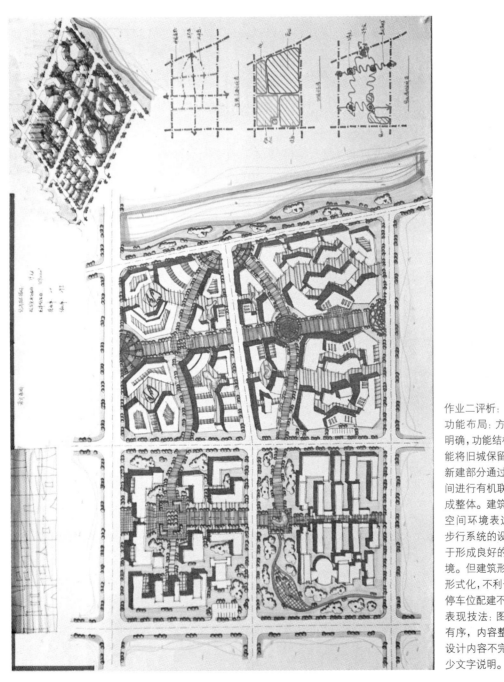

作业二评析：

功能布局：方案分区明确，功能结构合理，能将旧城保留部分与新建部分通过步行空间进行有机联系，形成整体。建筑形体及空间环境表达丰富，步行系统的设计有利于形成良好的空间环境。但建筑形态过于形式化，不利于使用，停车位配建不足。

表现技法：图片排布有序，内容整洁，但设计内容不完整，缺少文字说明。

参考文献

[1] 中国建筑学会 . 建筑设计资料集（第三版）. 北京：中国建筑工业出版社，2017.

[2] 中国城市规划设计研究院，住房和城乡建设部城乡规划司 . 城市规划资料集 . 北京：中国建筑工业出版社，2005.

[3] 于一凡，周俭 . 城市规划快题设计方法与表现（第二版）. 北京：机械工业出版社，2014.

[4] 王珺等 . 城市规划快题设计（第二版）. 北京：化学工业出版社，2014.

[5] 蔡鸿 . 名校考研快题设计高分攻略——城市规划快题设计 . 南京：江苏科学技术出版社，2014.

[6] 北京市规划委员会 . 北京地区建设工程规划设计通则 .

[7] 建筑设计防火规范（GB 50016—2014）.

[8] 城市居住区规划设计规范（GB50180—93）.

[9] 办公建筑设计规范（JGJ 67—2006）.

[10] 旅馆建筑设计规范（JGJ 62—2014）.

[11] 文化馆建筑设计规范（JGJ T 41—2014）.